ビックリするほどよくわかる記憶のふしぎ
榎本博明　ソフトバンク クリエイティブ株式会社　　2012

著 者 简 介

榎本博明

　　1955年出生于东京。毕业于东京大学教育心理学专业,其后就职于株式会社东芝。之后在东京都立大学研究生院攻读心理学博士学位。历任大阪大学研究生院副教授、名城大学研究生院教授等。现为MP人类科学研究所代表,心理学博士。主要著作有《"我"的心理学探秘》(有斐阁),《"自我"心理学》(科学社),《自我表露的心理学研究》(北大路书房),《如何培养"真正的自我"》(讲谈社现代新书),《鉴别性格的方法》、《交流的技巧》(创元社),《让干劲不知不觉涌出的唯一方法》(日本实业出版社),《事半功倍的人际心理战术》、《"视线"的构造》(日本经济新闻出版社),《记忆会撒谎》(祥传社新书),《痛苦记忆消失的那一天》(主妇之友新书),《记忆整理术》(PHP新书)等。MP人类科学研究所主页：mphuman@ae.auone-net.jp。

Kunimedia株式会社

　　内文设计、艺术指导。

东云水生

　　插图绘制。

形形色色的
科学
SCIENCE

啊！原来如此：
记忆魔法书

〔日〕榎本博明/著

李 梅/译

科学出版社
北京

图字：01-2013-1064号

内 容 简 介

"形形色色的科学"之全新系列"生活科学馆"闪亮登场了！
你是否有考试前彻夜不眠、临阵磨枪但最终成绩不尽如人意的经历呢？记忆，这种不可捉摸却又真实存在的东西是如何产生的？为什么记住了又会遗忘？灵光一现是什么？如何将我们的潜意识运用自如、开发自己的灵感之源呢？一切的一切，尽在记忆魔法书中……
本书适合热爱科学、热爱生活的大众读者阅读。

图书在版编目(CIP)数据

啊！原来如此：记忆魔法书/(日)榎本博明著；李梅译.
—北京：科学出版社，2013.6（2020.1重印）
（"形形色色的科学"趣味科普丛书）
ISBN 978-7-03-037537-7

Ⅰ.啊…　Ⅱ.①榎…　②李…　Ⅲ.记忆-通俗读物　Ⅳ.B842.3-49
中国版本图书馆CIP数据核字(2013)第106165号

责任编辑：徐　莹　唐　璐　赵丽艳
责任制作：刘素霞　魏　谨
责任印制：张　伟 / 封面制作：铭轩堂
北京东方科龙图文有限公司 制作
http://www.okbook.com.cn

科学出版社 出版
北京东黄城根北街16号
邮政编码：100717
http://www.sciencep.com
北京虎彩文化传播有限公司 印刷
科学出版社发行　各地新华书店经销
*
2013年6月第 一 版　开本：A5（890×1240）
2020年1月第三次印刷　印张：6 1/2
字数：150 000
定　价：45.00元
（如有印装质量问题，我社负责调换）

形形色色的
科学
SCIENCE

感悟科学，畅享生活

如果你一直在关注着"形形色色的科学"趣味科普丛书，那么想必你对《学数学，就这么简单！》、《1、2、3！三步搞定物理力学》、《看得见的相对论》等理科系列图书和透镜、金属、薄膜、流体力学、电子电路、算法等工科系列的图书一定不陌生！

"形形色色的科学"趣味科普丛书自上市以来，因其生动的形式、丰富的色彩、科学有趣的内容受到了许许多多读者的关注和喜爱。现在"形形色色的科学"大家庭除了"理科"和"工科"的18名成员以外，又将加入许多新成员，它们都来自于一个新奇有趣的地方——"生活科学馆"。

"生活科学馆"中的新成员，像其他成员一样色彩丰富、形象生动，更重要的是，它们都来自于我们的日常生活，有些更是我们生活中不可缺少的一部分。从无处不在的螺丝钉、塑料、纤维，到茶余饭后谈起的瘦身、记忆力，再到给我们带来困扰的疼痛和癌症……"形形色色的科学"趣味科普丛书把我们身边关于生活的一切科学知识，活灵活现、生动有趣地展示给你，让你在畅快阅读中收获这些鲜活的科学知识！

科学让生活丰富多彩，生活让科学无处不在。让我们一起走进这座美妙的"生活科学馆"，感悟科学、畅享生活吧！

前　言

　　记忆是一种不可思议的东西。

　　曾经，人们认为记忆就像拍照或复印一样，能将被记录的事物原原本本地还原出来。但如果是这样的话，其中所出现的记忆偏差就很难解释了。现在，我们已经知道记忆原来是可以被"人为加工"的。

　　大家都有过这样的经历吧。考试前彻夜不眠，死记硬背，考试结果却并不理想。确实，考试之前哪有时间睡觉啊。但有说法认为即使在睡眠中，记忆也能得到整理。这样说来，我们对待睡眠还是不能马虎的。

　　学生时代上课时，没有记住课堂上所讲的重要内容，单单记住了老师闲聊的内容。大家都经历过这样的事情吧。这是因为我们的记忆是具有故事结构的。押韵就是这一原理的很好应用。所以有意识地使内容故事化，可以大幅度地扩展记忆的容量。

　　情绪低落时，不开心的事情就会接连不断地浮现于脑海；喜欢抱怨的人只会记住那些不开心的事情……最近，我们终于知道了，原来记忆和心情之间存在着密不可分的关系。

　　有人认为，记忆力会阻碍我们的创造力，事实真是如此吗？所谓的灵感，真的是从天而降的吗？仔细研究各种发明及发现，你就会知道，它们多多少少都与内隐记忆存在一定的关联。发明或发现并不是突然浮现在我们的脑海里的。我们需要在日常生活的一点一滴中给予潜在记忆更多的关注。

对于记忆这种心理现象，本书将以通俗易懂的语言来对其神奇的机制进行解析。

第1章将要告诉你的是每个人都曾亲身经历过的记忆偏差究竟是如何产生的。通过探究日常生活中记忆的神奇之处，我们可以发现，记忆原来是如此地模糊。我们的记忆，仿佛有生命一样，每次打开它，都是不一样的。

第2章将就记忆的基本机制进行讲解。记忆有哪几种，记忆是如何产生的等。本章的讲解将会让你对这些内容有个清晰的认识。

第3章将要讲解遗忘的机制。只要我们明白了遗忘是如何产生的，就会知道怎样做才可以避免遗忘。有趣的是，遗忘也是有意义的。正是因为我们忘记了细节的部分，记忆才得以强化。

第4章讲解的是提高记忆力的心理技巧。提高记忆是我们每个人的希望，其实这是有窍门的。本章讲解了很多心理技巧，希望大家可以将其有效地运用于实际生活中。

第5章将要探讨的是内隐记忆与新想法、正确判断之间的关系。我们的记忆其实比我们所意识到的要多得多。

　　对于我来说，这是第 4 本关于记忆的书籍。但是，如此通俗易懂地解释记忆的基本机制还是首次。本书希望通过浅显易懂的语言正确讲解科学知识，也希望大家可以以本书的内容为参考，灵活地运用记忆。

　　最后，要对给予我撰写这本书机会的 Softbank Creative 科学书籍编辑部的益田贤治先生以及 TANAKADAI 企划的田中大次郎先生表示由衷的感谢。另外，为心理类图书绘制插图是一件很不容易的事情，我也要对虽屡次重新绘制但依然毫不泄气，最终完成画稿的插图家东云水生先生表示感谢。

榎本博明

啊！原来如此·记忆魔法书

睡眠过程中记忆得到整理？提高记忆力的技巧有哪些？

目　录　CONTENTS

形形色色的科学

CONTENTS

记忆为什么会如此模糊?

在日常生活中，我们经常会发现，自己认为正确的记忆在不知不觉中出现了错误，心情不同时，对过去事情的回忆也不同，这究竟是为什么呢？第1章将从关于记忆的简单问题开始回答。

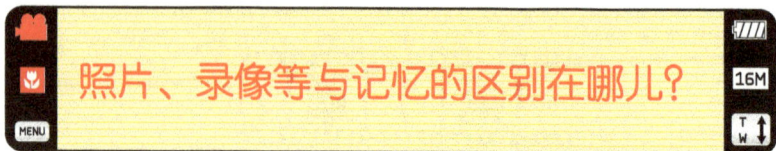

说到记忆，大多数人联想到的都是对过去的经验、知识等进行记录的心理功能。这一答案只正确了一半，还有一半是错误的。的确，从某一方面来说，我们的记忆里包含有对过去曾经经历过的事情、学到的知识等的记录。但是，在这里必须强调的是，记忆并不能忠实地再现过去。

照片所拍下的景色、人物的表情等都是当时场景下的真实记录。只要一直保存照片，就可以将当时场景的记录永久地留存下来。录像也是一样的。虽然儿子已长大成人，但再次观看他小时候摇摇晃晃走路的录像时，那时候他拿着拴着绳子的气球在屋子里尖叫奔跑、天真无邪地玩耍着的画面会再次浮现在我的脑海中。

我记得五年前打开相册时看见的是小时候微笑的自己，可再次翻开时，却发现自己是板着脸的。还有以前看录像时，认为录像里的女儿穿着短裙在玩耍，而再次观看时，却发现女儿穿着裤子在玩耍。若是真发生了这样的事情，那可不得了，因为这样的事情只有在科幻世界里才会发生。

其实，这些事情在记忆的世界里会经常发生，并没有什么特别。为什么这么说呢？因为所谓的记忆并不能像照片、录像那样客观地进行记录，而是通过主观印象来进行记录。印象一旦发生变化，记录的内容就会发生变化，记忆也会随之发生变化。那么，记忆究竟会发生怎样的变化呢？接下来就让我们具体地了解一下。

记忆是对主观印象的记录

入园仪式
蒲公英

啊！太让人好念了！

我当时是这样的表情吗？

仪式
蒲公英幼儿园

啊！真让人好念啊！

哎？女儿不是穿着裙子的吗？

"不是说好了这周末全家人一起开车去兜风吗？"对于妻子所说的这番话，丈夫回答到："不行，这周末我得跟客户去打高尔夫。""为什么不早点说，孩子们都兴高采烈地等着呢。"面对妻子的抗议，丈夫辩解到："我有跟你们约好吗？我怎么一点儿都不记得了。"这是经常会出现的场景。这恐怕是丈夫在心不在焉的时候作出的承诺。对于那些不注意或不关心的事情，就不会留下深刻的记忆。

即使留下了记忆，有时也会随着时间的行进而发生变化。我记得十年前第一次拿到奖金时，打算花15万日元买家具，却在整理桌子时发现了一张8万日元的发票。像这样的记忆偏差经常会发生。当时留下的记忆应该是8万日元，而由于花大手笔购买的印象极其强烈，所以随着自己收入的增加，对于金额的记忆也在不知不觉中发生了变化。

处于相同的场景下，看见的应该是同样的事情，可是留下的记忆却有所不同，这也是经常会发生的事情。前几天，在某个电视节目中播放的我所策划的目击证人证言试验也证明了这一点。在录制现场，节目组安排一名工作人员在大家面前摔倒并将物品散落在地，针对这名工作人员的服装、长相等特征，每个目击者的记忆都是不一样的。为什么会这样呢？在了解其基本原理之前，我们需要先知道什么是知觉的主观性。

日本有一位叫做种田山头火的诗人，他虽然尝试了各种各样的工作，可是每一样工作都无法坚持太长时间，于是他成为了一位在孤独的旅途中靠创作俳句来生活的流浪诗人。对于生

很难记住不注意或不关心的事情

存在管理社会的束缚下的现代人来说，脱离社会、自由生活的山头火可能是他们憧憬的对象。因为他可以身为化缘和尚却喝得酩酊大醉，丑态百出，一边对于喝酒充满悔恨之意，一边却又说："不喝酒则无法解忧愁。"结果到死也戒不了酒。

　　大约十年前，我曾拜访过爱媛县的一个草庵，那里被认为是山头火最后的栖身之所。当时，我透过窗户玻璃窥探房内，并拍下了山头火曾经住过的房间照片。等照片洗出来之后我发现，在拍摄房间整体形象的照片中出现了我的脸和照相机的重影，在拍摄桌子与其周围环境的照片中出现了与我身后庭院的重影。

　　与照相机的镜头一样，我的视网膜上能够呈现出玻璃那边的桌子以及玻璃上所反射出的自己的脸。虽然从物理学角度来说两者应该是都能看见的，但我们的意识认为只能看见桌子。因此说，对于视网膜上所呈现出的各种各样的刺激，我们的知觉只会从中选择对于自己来说有意义的内容进行记忆。

　　虽然感悟会转换成记忆，但是关注什么、认为什么内容是有意义的则会因人而异。将学生时代的同学集合在一起聊以前旅游的话题时，对于谁做了什么样的事情，说了什么样的话，大家的记忆是完全不一样的。即使正好处于相同的场景下，由于大家关心的内容或为之感动的内容不一样，记忆的内容也会不同。

知觉的主观性会对记忆产生很大的影响

　　在观看橱窗中所展示的手提包时,视网膜上呈现的不仅有橱窗中的手提包,还有橱窗玻璃所反射出的自己身后的行人、汽车等,甚至还有自己的影子,但在我们的意识里却只看见了手提包。所谓的知觉是有选择的。

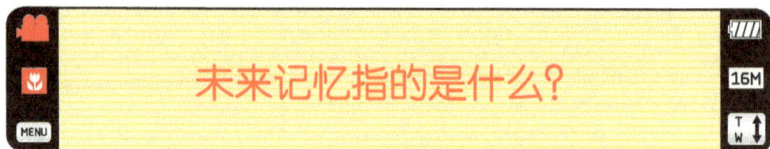

通常情况下，记忆给人的印象是对过去所发生的事情进行记忆的心理机能。但是，能够在适当的时间里想起必须要做的事情也是记忆的一种功能。

对于过去所发生的事情或所记住的知识的记忆我们称之为**回溯性记忆**。与此相对，对于未来某一时刻要做的事或任务的记忆我们称之为**前瞻性记忆**。

如果不能熟练地使用前瞻性记忆，则会给社会生活带来很大的影响。与忘记回溯性记忆相比，忘记前瞻性记忆的社会性损失会更大。一个人如果关于前瞻性记忆的失败不断出现，他的人格就会受到怀疑，他的工作能力也有可能遭到鄙视。而即使不太擅长回溯性记忆，也很少会发生如此严重的问题。从这个意义上来看，前瞻性记忆是非常重要的记忆。

饭后吃药；关煤气，锁门；带上需要的东西之后再出门；将信件投进去车站途中的邮筒；到公司之后给分店的营业负责人发传真；向领导汇报昨天的会议内容；在午休之前给客户打电话确定下次见面的时间；下午2点给别的部门送资料；傍晚之前应该到的东西还没到的话，则打电话催货；晚上7点和朋友在常去的饭店见面。这些事情都是必须执行的，一旦忘记就会给别人带来麻烦，自己的信誉也会因此受到影响。

日常生活中充满了前瞻性记忆

关煤气

锁门

向领导汇报昨天的会议内容

给客户打电话

晚上7点和朋友在常去的饭店见面

好像还有别的事情，是什么来着？

我们的日常生活是约定、计划、应做事情的连续。不仅是在工作上，在私人生活上也一样，需要前瞻性记忆的情况比需要回溯性记忆的情况要多得多。

尽管如此，对记忆的研究大多数都是针对回溯性记忆的。从艾宾浩斯开始，对记忆的研究已经有超过一百年的历史，但针对前瞻性记忆的研究历史尚浅，仅有三十年左右。

稀里糊涂地忘记了应做事情的遗忘现象中，既有把应做事情的内容忘记得一干二净的情况，也有没有适时地想起来的情况。问题的重点是忘记了内容，还是丧失了好时机。

进行更细致的研究之后我们发现，前瞻性记忆可以分为以下两种心理机能，即想起有什么要做的事情的心理机能和想起要做事情的具体内容的心理机能。前者称为**存在想起**，后者称为**内容想起**。与朋友见面时，会有这样的情况：好像有什么事情得跟你说，可是又想不起来。这就是完成了存在想起，却没有实现内容想起。

虽然前瞻性记忆是社会生活中非常重要的记忆，但尚未被深入研究，还是今后社会发展中值得期待的研究课题。

回溯性记忆与前瞻性记忆的区别

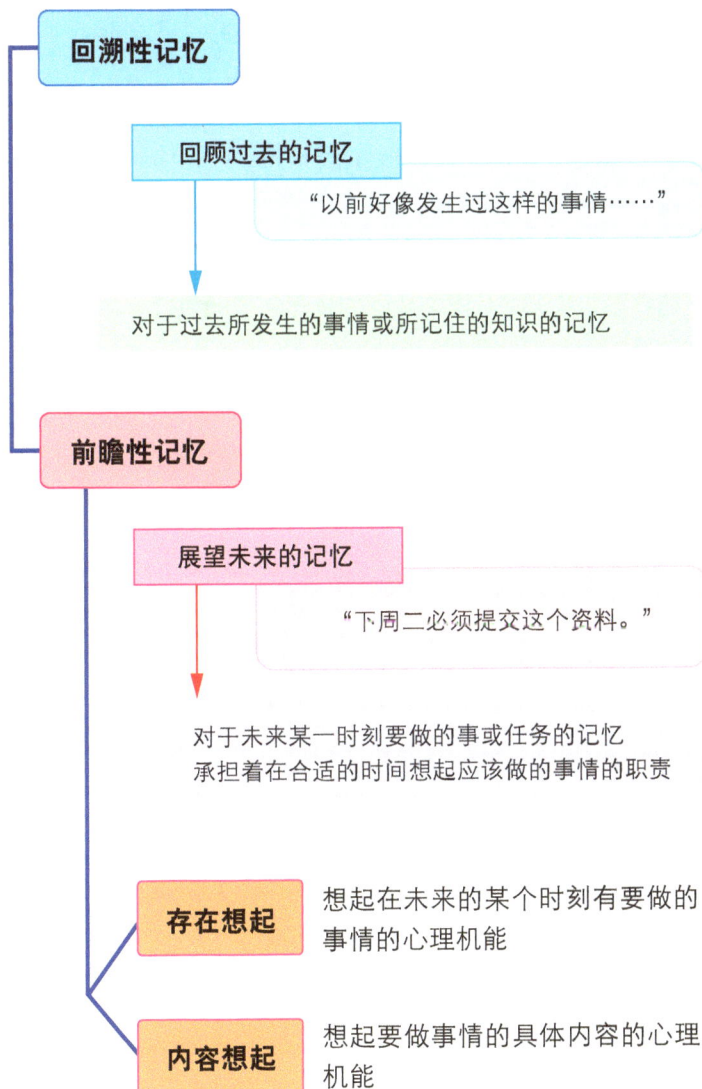

回溯性记忆

回顾过去的记忆

"以前好像发生过这样的事情……"

对于过去所发生的事情或所记住的知识的记忆

前瞻性记忆

展望未来的记忆

"下周二必须提交这个资料。"

对于未来某一时刻要做的事或任务的记忆
承担着在合适的时间想起应该做的事情的职责

存在想起 想起在未来的某个时刻有要做的
事情的心理机能

内容想起 想起要做事情的具体内容的心理
机能

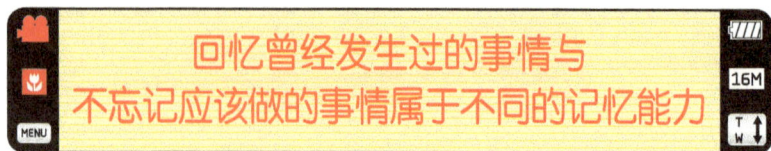

记忆有擅长与不擅长之说。有些人虽然对过去的事情记得很清楚，却经常忘记那些必须做的事情，这些人属于擅长回溯性记忆、不擅长前瞻性记忆的类型。相反，还有些人虽然对过去的事情记得不是特别清楚，但几乎不会忘记那些必须做的事情，这些人属于擅长前瞻性记忆、不擅长回溯性记忆的类型。

通过探索回溯性记忆与前瞻性记忆之间的关联，我们发现，回溯性记忆能力与前瞻性记忆能力之间并无关联。对过去曾经发生的事情进行记忆的心理机能与在适当的时间想起将来必须要做的事或任务的心理机能似乎是建立在不同的机制原理之上的。

从发育的角度对这两种记忆能力进行研究后，我们发现，与成人和老年人相比，年轻人的回溯性记忆能力较强。而对于前瞻性记忆来说，却看不出基于年龄的差异。甚至有报告显示老年人的前瞻性记忆能力会更强一些。其理由在于，老年人意识到自身记忆能力的衰退会更多地使用备忘录且时常进行参阅。另外还有这样的可能，那就是他们要做的事情较少。

回溯性记忆与前瞻性记忆

上小学的时候，去市民公园郊游……

嗯……

小时候郊游去过哪儿？已经……模糊一片

明天要去医院……

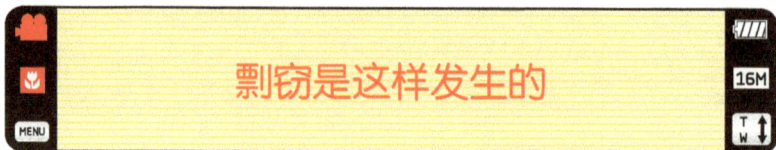

剽窃是这样发生的

大家都听说过文艺作品或论文被剽窃的事情。其中有恶意剽窃的，也有当事者对于自己的剽窃行为完全没有意识的。大家一定会想为什么他们会做出如此愚蠢的行为呢？如果知道其深层心理机制的话，你会发现这里存在一个谁都有可能陷入的陷阱。

Daniels的著作《美国社会科学》博得了众多好评，同时《科学》杂志还刊登了针对该书的书评。之后，Daniels发现自己的书中有抄袭参考文献内容的部分，于是他通知了《科学》杂志并向他们道歉。究其原因，实际上是Daniels在潜意识中记住了曾经阅读过的文献资料，误以为是自己的想法而使用了。

学者为了研究需要阅读很多文献资料，而对于其内容多少都会留下印象。所以他们在撰写自己的文章时，会从记忆中引用各种各样的知识和理论来阐述自己的想法，偶尔也会发生信息源和信息内容相脱离的情况，这时就很容易在没有任何意图的情况下发生剽窃行为。

如果信息源和信息内容能够一致，就可以很清楚地知道为什么会阅读这些内容，是听谁说的等。人们只要正确引用就不会出现问题。但是，对于信息源的记忆模糊时，人们就很难意识到内容的出处，偶尔也会误认为是自己的想法，于是就在没有任何意图的情况下产生剽窃行为。

在无意识的情况下将他人的著作或想法当成自己的来使用的做法属于无意图剽窃，在这里发挥作用的无意识记忆，我们称之为内隐记忆。内隐记忆的恶作剧不仅局限于对他人的著作或想法

Diary

睡眠者效应

随着时间的推移，对于信息源的记忆会越来越模糊，信息内容的可信度会随之增强的心理现象

虽然让他们阅读的是相同的劝导性文章，但是
　　让其中一个集团相信该文章来源于可信度很高的信息源
　　（权威科学杂志）
　　让另外一个集团相信该文章来源于可信度较低的信息源
　　（不太可信的大众杂志）

和预想的一样，与相信该文章来源于可信度较低的信息源的人们相比，相信该文章来源于可信度较高的信息源的人们受该文章的影响更大

可信度较高的信息源：有23％的人受到影响
可信度较低的信息源：有6％的人受到影响

然而，不可思议的是，四个星期后再次询问他们的意见时，两者的区别完全消失了

可信度较高的信息源：有13％的人受到影响
可信度较低的信息源：有13％的人受到影响

之所以有这样的结果，是因为随着时间的推移，有关信息源的记忆会逐渐模糊，信息源可信度的影响力也就随之消失了。之所以会产生这样的现象，可以说是因为与信息源相比，信息的内容会留下更深刻的印象

23％　6％　四周后　13％　13％

可信度高　可信度低　可信度高　可信度低

的剽窃，对自己之前所写的内容或想法也会产生作用。

心理学家斯金纳在晚年时曾经叙述过这样一件事：年轻时，他灵光一闪，有了一个新的观点，于是他感叹到："这是绝佳的想法！"可是转瞬之间他忽然意识到，这是多年前自己曾经发表过的内容，于是倍感失望。

实际上这是在任何人身上都有可能发生的事情。我们在整理房间时，偶尔会发现以前写的日记或文章。即使是简单地翻阅一下，我们也会有各种各样的发现，并且为自己曾有过这样或那样的想法而感到吃惊。另外，我们看见别人引用自己的文献会非常诧异："自己写过这样的内容吗？"但找出自己的文章翻阅后发现，确实有这样的内容。这是因为自己所思考过的内容大部分会从记忆中消失。

正因为如此，如果脑海中浮现出某种想法，有必要先对其是否有可能是自己曾经读过或听来的内容进行确认。

信息检测是确认的有效方法之一，即要特别注意信息源。只要注意，无意识化的记忆就会变得有意识。刚刚所举的Daniels的例子就是这样，他以书评为契机再次进行确认，从而意识到，自以为是自己的想法，但其实其中的一部分是别人的著作。

信息源很容易变得不明确

抑郁症患者总是被指出记忆力较差。不仅仅是抑郁症患者，人处于抑郁状态时，一般记忆力都会较差。

抑郁倾向较强的人回忆过去的事情时都非常粗略，他们无法回忆具体的细节。我们称之为**过度概括性记忆**。

向处于抑郁状态的人提出"和蔼"这个单词，让他们联想与"和蔼"有关的记忆。虽然他们能够做出"祖母总是非常和蔼"等概括性的描述，却无法回忆出祖母是如何和蔼的等细节性内容。一般来说，向大家提出"幸福"这个单词时，大多数人都能据此回忆起所发生在自己身上的幸运事情、与家人有关的高兴事情等。但曾经尝试过自杀的重症抑郁患者却几乎无法回忆出事情的具体细节。

我们知道抑郁与记忆倾向之间有着密切的关系。例如，对于过去所发生的痛苦事情反复回忆的人，受抑郁折磨的情况较多。另外，在回忆过去的实验中我们发现，容易失落的人很容易回想出自己的一些消极事情。

另外，通过调查抑郁倾向与记忆力之间关系的实验我们发现，抑郁倾向越强的人对于消极内容的记忆要优于对于积极内容的记忆。这种倾向在幼儿期就已经表现出来了。以5～11岁的幼儿为对象进行测定抑郁倾向的连环画再现实验。该实验要求被测试者在阅读连环画时，把自己想象成连环画的主人公。其结果是，与积极或中立内容的连环画相比，抑郁倾向较强的孩子们更容易回想出消极内容的连环画。

通过是否能回忆出具体细节可以了解到心理的状态

正常人

祖母总是非常和蔼

和蔼表现在哪些方面呢？

祖母很晚了还读书给我听

一起做丸子

抑郁状态的人

祖母总是非常和蔼……

和蔼表现在哪些方面呢？

作为抑郁尺度的发明者而闻名的贝克，其认知疗法认为，抑郁倾向较强的人拥有特殊的认知结构，该结构使这些人的抑郁状态不断恶化。所谓的特殊的认知结构是指，悲观地看待自己所处的状况、总是将目光集中在自己消极的方面、事情进展不顺利时总是归咎于自己对事物采取否定的认知倾向。

由于抑郁倾向较强的人拥有这种特殊的认知倾向，所以面对过去，回忆到的各种事情中不愉快的事情就较多，而回忆这些事情的细节时心情就会低落。由此我们可以推测，为了避免心情低落的情况出现，他们的记忆检索功能就停留在了模糊的水平上。

像这样，抑郁倾向较强的人所表现出的过度概括性记忆具有阻碍想起不愉快事情的优点。相反也具有一些缺点，那就是无法有效利用过去所发生的事情来解决现在的问题。抑郁倾向较强的人总是被指出解决问题的能力较低，这与他们无法以过去所发生的具体事件为参考有着很大的关系。

Diary 抑郁倾向较强的人的记忆之所以会模糊的基本原理

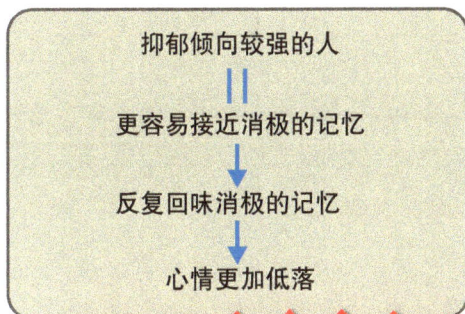

抑郁倾向较强的人
‖
更容易接近消极的记忆
↓
反复回味消极的记忆
↓
心情更加低落

抑郁情绪的消极螺线

防止抑郁出现的心理机制

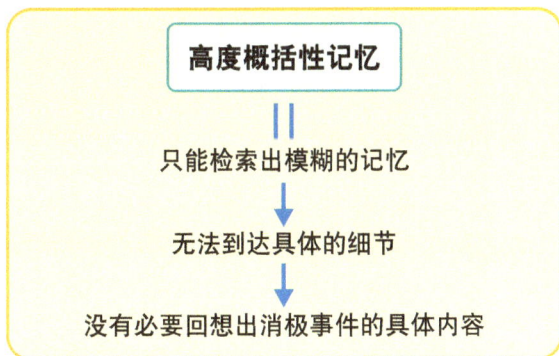

高度概括性记忆
‖
只能检索出模糊的记忆
↓
无法到达具体的细节
↓
没有必要回想出消极事件的具体内容

　　根据情绪一致效应（请参考第28~31页），抑郁倾向较强的人更容易接近消极的记忆，于是心情就会更加低落。为了防止这种情况的出现，让整个记忆变模糊的防卫机制开始发挥作用，这就是高度概括性记忆。

　　在高度概括性记忆的帮助下，即使是抑郁倾向较强的人也可以摆脱因想起消极内容而使情绪低落的消极螺线。

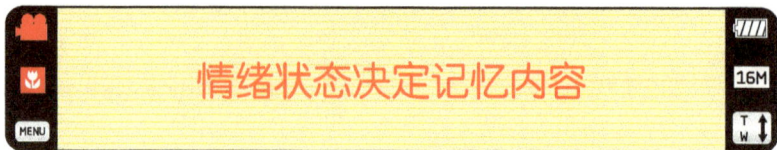

即使处于相同的场景或听到相同的话，所记住的内容也会因进行记忆的人的感情状态不同而发生变化。当记忆内容的情感效价与进行记忆的人的情绪状态一致时，记忆内容比较容易被记住，我们称之为**情绪一致效应**。

有这样一个实验，它是给通过一定的方法被引导至幸福心情的人和被引导至悲伤心情的人阅读由1000个词语组成的故事。在这个故事中，有两个出场人物，一个是幸福的，还有一个是不幸福的。到了第二天，要求他们再现前一天所阅读的故事内容，其结果是，虽然在再现的内容量上并没有发现太大的差异，但是在所能回忆到的内容上出现了明显的差异。其中，在阅读之前被引导至幸福心情的人所能回忆到的大多是快乐的内容，而被引导至悲伤心情的人所能回忆到的大多是悲伤的内容。这是因为在记忆的过程中，人们更容易记住符合自己心情的内容，而很难记住与自己的心情不太一致的内容。

在该实验中，进一步询问被测试者将自己与哪一个出场人物同等对待，即把自己看成哪一个出场人物。结果表明，被引导至幸福心情的人的答案都是幸福的人物，而被引导至悲伤心情的人的答案都是悲伤的人物。把自己看成哪一个出场人物，这是由当时自己的心情决定的。

将记忆铭刻在心的过程我们称之为**编码**。可以说上述实验结果不仅证明了符合自己感情状态的事情更容易被编码，同时也暗示我们即使是相同的故事，对于不同的读者来说其内容可以完全不同。由此我们得知，即便听到了相同的内容，记住的

在学习时被引导至不同的心情

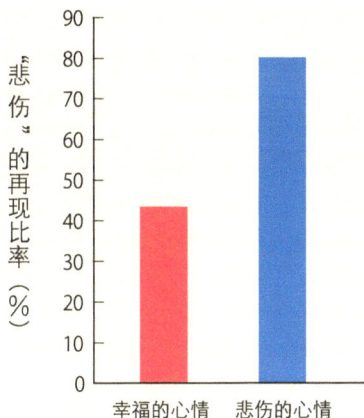

情绪一致效应
(Bower et al., 1981; 谷口, 2002)

以愉快的心情阅读　　　　以悲伤的心情阅读

　　在将一半的人引导至幸福的心情，将剩下的一半人引导至悲伤的心情之后，让他们阅读某个故事。到了第二天，要求他们再现前一天所阅读的故事内容，其结果是，虽然让他们阅读的是相同的故事，但阅读时拥有幸福心情的人们所能回忆到的大多是快乐的内容，而以悲伤心情来阅读的人们所能回忆到的大多是悲伤的内容。

内容却可以完全不同，或者即便正好位于相同的场景下，对于所发生事情的印象却完全不同等记忆偏差会因感情状态的不同而产生。

另外，通过简单的单词记忆实验也可以使情绪一致效应得到证明。例如，有这样一个实验，它是使用形象回忆法让被测试者产生一定的感情后让他们记忆各种各样的形容词。所谓的**形象记忆法**就是让他们回忆过去悲伤的事情，通过将当时的感情形象化来引导出他们悲伤的心情，或是让他们回忆过去的快乐的事情，通过将当时的感情形象化来引导出他们快乐的心情。结果显示，快乐的心情可以促进积极意义的形容词编码，而悲伤的心情却可以抑制积极意义的形容词编码。当引导出的不是悲伤的心情，而是愤怒的心情时，积极意义的形容词编码会受到抑制，而消极意义的形容词编码会得到促进。

通过这些研究结果我们可以知道，人看待事物时是非常感情化的。针对眼前的现实，我们让其符合自己的感情状态并适当地进行歪曲后进行记忆。因此使用形象记忆法的实验给予了我们创造幸福回忆的提示。通过回忆过去快乐的事情、值得骄傲的事情等积极的内容可以让自己沉浸在当时积极的心情中。只要我们时常进行这样的实践，维持积极的心情，积极的记忆就应该可以得到强化。

Diary

看到的内容、记忆会因情绪状态的不同而不同

看起来很抑郁的人

看起来很幸福的人

即使在同一个地方，看到的内容也会因
当时的情绪状态不同而不同

置身于相同的情境则更易于回忆

记忆时与回忆时，即识记与回忆时的心情状态如果一致则更易于进行回忆，我们称之为**情绪依存效应**。

例如，有这样的实验。将被测试者引导至悲伤的心情后让他们去记忆中性词（既不悲伤也不快乐、没有感情的词语）的列表A，接下来将他们引导至快乐的心情后让他们去记忆另一个中性词的列表B，然后将他们分别引导至悲伤或快乐的心情后，让他们去回忆列表A或列表B中的词语。

从实验结果我们可以看出，识记与回忆时的心情一致时，回忆的成绩会更好。也就是说，悲伤情绪下所记忆的单词在悲伤的情绪下更容易被回想起来，快乐情绪下所记忆的单词在快乐的情绪下更容易被回想起来。能回忆出什么样的内容是由与现在相同情绪状态下所记住的内容决定的。

从这里我们得到的启示是：回忆曾经发生的某件事情的详细内容时，所回忆的是当时的心理状态，通过沉浸在当时的情绪中来促进回忆。

由此我们可以想象到，在情绪依存效应中，情绪状态是回忆的线索。除情绪之外，地点的一致、时间的一致、场景的一致、在场人员的一致等各种情境的一致也可以对回忆起到促进作用。将犯人或目击证人带到犯罪现场的目的同样也是希望通过情绪依存效应来促进回忆。

回忆时的心情

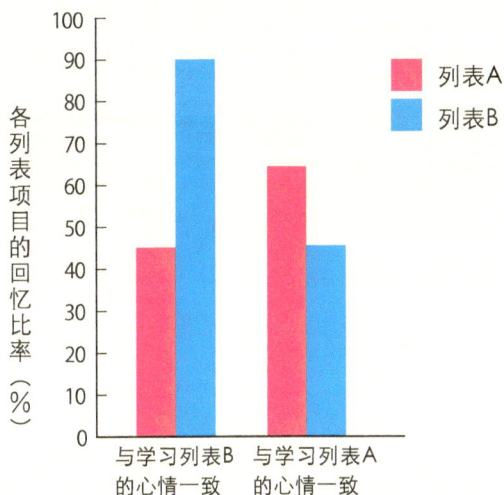

各列表项目的回忆比率（%）

列表A
列表B

与学习列表B
的心情一致

与学习列表A
的心情一致

情绪依存效应（Bower et al.，1978；谷口，2002年改编）

以快乐的心情记忆

以悲伤的心情记忆

　　将被测试者引导至快乐的心情或悲伤的心情后让他们在各自的心情下学习不同的中性词列表（列表A、列表B……既不快乐也不悲伤的中性词）。之后，再次将他们引导至快乐的心情或悲伤的心情后让他们回忆曾经记忆过的两个列表。其结果告诉我们，记忆与回忆时的心情一致时，回忆的成绩会更好。

在和情绪不佳的人聊天时，他们只会说一些消极的事情。他们真的总是遇到如此不好的事情吗？他们身上就不会发生一些好的事情吗？

当有机会询问他们的家人或同事时，我的心里会涌现出这样的疑问，他们所遇到的好像并不都是不好的事情。于是我们只能认为，情绪不佳、满腹牢骚的人是不是故意从自己曾经经历过的各种各样的事情中专门挑选出那些不好的事情呢？

但是，他自己却完全没有这样的意识，因为他们深信自己遇到的总是不好的事情。为什么会这样呢？其原因仍然存在于情绪一致效应中。

我们知道，情绪一致效应不仅在识记时发生作用，在回忆时也会发生作用。对于与记忆时的情绪一致的情感效价的内容更易于进行编码的理由，我们已经进行了解释。不仅如此，拥有与回忆时的情绪一致的情感效价的内容也更易于被检索到。

有这样的实验，它是在对被测试者进行使其情绪高涨或低落的引导后，让他们回忆日常所发生的事情。通过其结果我们可以看出这样的差异：情绪高涨的人更容易回忆起那些积极的事情，而情绪处于低落状态的人则几乎无法回忆出积极的事情。

如果使用一些暗示性的词语，则可以看出更显著的差异。例如，我们进行了如下实验：

Diary

情绪一致效应

拥有与记忆时的情绪一致的情感效价的内容更易于进行编码

即使让被引导至快乐心情的人们和被引导至悲伤心情的人们阅读相同的故事,我们也可以从之后他们所回忆的内容中看出差异
以快乐的心情阅读的人们
更易于记住那些快乐的事情
以悲伤的心情阅读的人们
更易于记住那些悲伤的事情

拥有与回忆时的情绪一致的情感效价的内容更易于被检索到

实验

对被测试者进行使其情绪高涨的操作后,让他们回忆日常所发生的事情

➤ **更容易回忆起那些积极的事情**

对被测试者进行使其情绪低落的操作后,让他们回忆日常所发生的事情

➤ **几乎无法回忆起那些积极的事情**

即使要求他们回忆快乐的事情
要花费很长的时间进行检索
所能回忆到的内容较少

要求他们回忆那些不愉快的事情时
他们能够立刻回忆出各种各样不愉快的事情

将被测试者引导至情绪高涨或低落的状态后，依次向他们出示"公共汽车"、"窗户"、"鞋子"这些感情上中性的暗示性词语，然后让他们以此联想出日常生活中所发生过的事情。包括"愉快的事情"和"不愉快的事情"。

其结果显示，与情绪高涨的人们相比，让情绪低落的人回忆愉快的事情是非常困难的。他们不仅对愉快的内容进行检索时要花费更长的时间，所能回忆到的内容也是相对较少的。然而，要求他们回忆不愉快的事情时却一点儿都不困难。

那些拥有与回忆时情绪一致的情感效价的事情，特别容易被想起。以愉快的心情回顾过去时，更容易想起那些快乐的事情；以不愉快的心情回顾过去时，则更容易想起那些让人生气的事情；以低落的心情回顾过去时，则更容易想起那些让人情绪低落的事情。

观察情绪一致效应的实验结果我们可以知道，情绪不佳的人之所以总是满腹牢骚地说那些消极的事情，是因为他们总是以消极的心情来回顾过去，观察周围的事情。情绪不佳的人的过去并不总是黑暗的，而是他们总是以现在的心情来回忆过去，从回忆中寻找那些阴暗的内容。相反，从客观的角度出发，被大家认为遭遇了相当悲惨的事情的人们却出乎意料地会说出一些积极向上的内容。这是因为他们能够维持积极向上的心情，所以才能够想起那些积极的内容。

能够回忆到的内容会被现在的心情所左右

请告诉我你从"鞋子"这个词语所回忆到的内容

情绪低落的人

这样说来，上小学的时候，我的鞋子曾经被那些淘气的同学藏起来过

情绪高涨的人

过生日的时候，我和妈妈一起去百货商场，妈妈给我买了期望已久的鞋子

我们会听到经常微笑好事或是幸福就会来临等说法，大家可能会认为这些说法只不过是一种通俗的言论。然而通过记忆实验，我们发现这些说法在某种程度上是有根据的。

例如，有这样的实验。让被测试者阅读能让人心情愉快的新闻报道和让人愤怒的新闻报道之后，让他们以一定的表情来回忆新闻报道的内容。其中有一半的人一边微笑一边回忆新闻报道的内容，而剩下的人则是以不高兴的表情来回忆新闻报道的内容。

其结果是，以微笑表情来回忆的人们能够更好地再现出让人心情愉快的新闻报道，而以不高兴的表情来回忆的人们则能够更好地再现出唤起愤怒情绪的新闻报道。所回忆到的内容因表情的不同而不同。

可以说这是因为人们总是更容易回忆起那些与回忆时拥有一致情绪的内容（情绪一致效应）。颇有意思的是，仅通过故意改变脸部表情就可以唤起与表情相联系的感情。如果不是这样，就不可能出现基于情绪一致效应的结果。

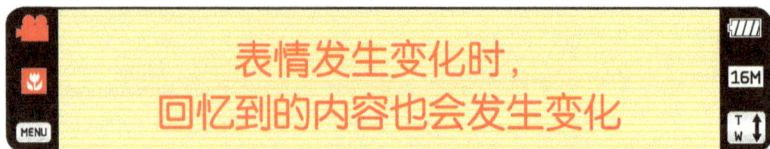

从这个角度来说，绝不能轻视经常微笑好事就会来临这样的说法。经常微笑可以积累好的事情，回顾过去时就可以让自己沉浸在温暖、快乐的氛围中，微笑就会越来越多。这样的良性循环是值得期待的。表情发生变化时，回忆到的内容也会随之发生变化，所积累的记忆也会不同。即自己过去的颜色会因此发生变化。

强作欢笑也可以引发记忆的良性循环

微笑

愉快的记忆

愉快的心情

微笑

愉快的记忆

只要经常微笑，就会越来越幸福！！

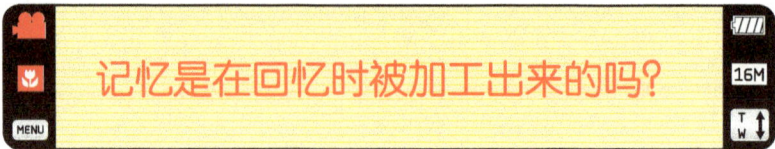

记忆心理学家巴特莱特在1932年所出版的《记忆》一书中曾经提到，人人都是故事家，回忆实际上是一种再创造。

巴特莱特的这一想法并没有引起大家的关注，基于艾宾浩斯传统理念的实验性研究仍然是记忆研究的主流，这是立足于复制理论的研究。然而，进入20世纪的最后阶段，日常记忆成为关注的重心，立足于复制理论的记忆研究受到了强烈的批判。

所谓复制理论是指以复制为模型来解释识记→保持→再现的记忆过程的观点，即认为所识记的原始记忆会被原封不动地保存，回忆的时候再将它们原封不动地提取出来的观点。

如果是毫无意义的记忆实验，可能很多部分都可以用这一理论来进行说明。然而，在对日常记忆进行实验、调查的过程中，出现了很多无法用复制理论解释的结果。

此时，很久以前巴特莱特所倡导的再创造理论被再次挖掘出来，重新引起了世人的关注。记忆的再创造理论是指记忆是从回忆时个人的主观出发重新被创造出来。

由此，对于记忆的解释发生了180°的大转变。记忆并不是固定不变的，而是在回忆时被重新创造出来的，其中隐藏着每次回忆时其内容都有发生变化的可能性。

复制理论与再创造理论

记忆的复制理论

就像复制一样，原始记忆被原封不动地保存，回忆时原始记忆会原封不动地被提取出来的观点

 →

识记时　　　　　　　回忆时

记忆的再创造理论

以原始记忆为素材，从回忆时的个人主观出发对记忆进行再创造的观点

记忆在回忆时被重新创造

记忆时

根据回忆时态度的不同而不同

回忆时

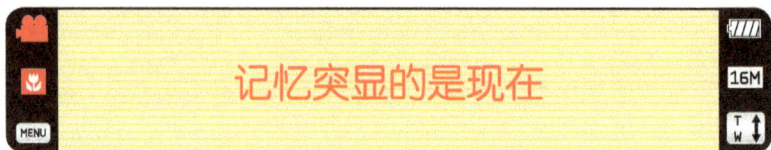

那么，从对于日常记忆的实验、调查中，究竟发现了哪些用记忆的复制理论无法解释的事例呢？让我们来具体看一下吧。

1986年，航天飞机"挑战者"号爆炸的第二天，以大学生为对象就如何知道该事故为问题进行了调查，并且在三年后，让被调查的学生回忆调查时的回答。结果发现只有7%的大学生与三年前的回答是一致的，有25%的大学生的回答与三年前的回答完全不同。可以说这一调查结果如实地显示出，日常记忆非但不是复制的，而且是如此容易地被动摇。

另外，美国分别在1972和1976年以相同的人群为对象，实施了支持共和党还是民主党的政治意识调查，之后对这四年之间自己所支持的政党发生变化的人们进行分析。结果是，尽管自己所支持的政党确实发生了变化，但认为自己所支持的政党与四年前相比"没有发生变化"的人竟然有九成之多。也就是说即使自己所支持的政党发生了变化，在这些人的记忆中，也是没有发生任何变化的。谁都希望自己拥有一贯的态度，可正是这种保持一致的欲求导致了记忆的歪曲。

还有这样的实验，它通过在回忆时赋予新的态度，证明记忆会从现在的态度出发进行再创造。实验过程是：让被测试者阅读某位女性的成长经历之后，给其中一半的被测试者提供这位女性是同性恋的信息，而给剩下的被测试者提供这位女性与异性生活在一起的信息。然后在一星期之后，让他们回忆这位女性的成长经历。

某学生回忆"挑战者号爆炸事件"时内容的变化

1986. ●. ●.

"我最初得知爆炸事件是我和同屋在宿舍里看电视时，突然插播了新闻快报，看了之后我们都非常吃惊，不仅跑到楼上告诉了朋友，还给家里的父母打了电话。"

内容大变样

1989. ●. ●.

"在上宗教课时，进来了好几个学生，开始谈论爆炸的事情。虽然不知道具体是怎么回事，但听说是在学生们眼前发生的爆炸，所以我觉得一定非常严重。下课之后我回到自己的房间，电视里正好在播放相关内容，从而我了解到了详细的情况。"

在1986年航天飞机"挑战者"号爆炸的第二天，Neisser和Harsch让学生写了如何得知该事故消息的报告。然后在三年后，让他们回忆三年前是如何回答的。其结果是，仅有7%的人的回答与三年前一致，大多数人的回答都是不一样的。

(Neisser and Harsch, 1992; 相良, 2000)

结果显示，与得到这位女性是异性恋信息的人们相比，得到这位女性是同性恋信息的人们能够更多地回忆出反映她同性恋生活的内容。由于在阅读这位女性的成长经历时，并没有向被测试者提供任何关于这位女性是同性恋还是异性恋信息，所以是事后所提供的信息决定了他们的回忆方向。在回忆这位女性的成长经历时，可以说被测试者是沿着现在所抱有的对这位女性的观点重新创造了这位女性的成长经历。

像这样，我们的记忆会随着回忆时视角的变化而变化。也就是说，我们每天都经历着各种各样的事情，随着视野的扩大，不仅看待事物的视角会发生变化，对自己过去的回忆也会发生变化。经历了某种打击或是使自己的价值观、人生观产生动摇的事件之后，自己的态度一旦发生变化，对自己过去的回忆也会随之发生变化。对特定人物的印象或态度发生转变时，对这个人的记忆也会发生变化。

所谓记忆发生变化，既包括自己发生变化，也包括自己所生活的世界发生变化。即使是在过去有不愉快记忆的人们，只要勇敢地面对过去，不愉快的记忆可能会因此发生出人意料的变化。我们通过不断积累人生经验，就可以以不同于以前的态度、以更从容的态度来回顾过去。因此，之前发生的恐怖事情，回忆起来也有可能并没有以前那么可怕。

虽然阅读的是同一个人的成长经历，但由于阅读之后所得到的主人公的信息不同，所回忆的内容也产生了不同。这是因为回忆时的视角决定了所回忆的内容。

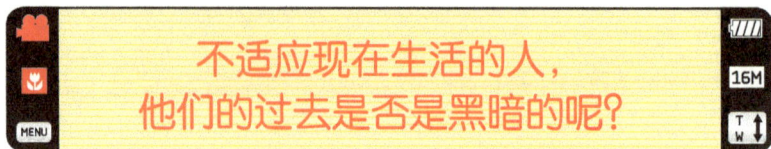

记忆所突显的是现在。从中我们可以知道，回忆的内容反映的是进行回忆的人现在的心理状态。大家都有这样的感觉，认为回忆过去的事情时，是将过去的事情原封不动地从记忆中提取出来。然而，根据记忆的再创造理论，实际情况并非如此。回顾过去的方法会因为现在心理状态的不同而不同，因此被提取出来的过去的事情会随着现在心理状态的不同而发生变化。

对于attachment这个词，大家可能都有所耳闻，有时会被翻译成眷恋，这是人际关系的基础，而从塑造未来待人接物基础方式的意义来看，这一词在心理学上非常受重视。attachment的主要意思是指一个人婴幼儿时期与抚养者之间的关爱、信任关系。如果婴幼儿时期与抚养者之间的关系稳定，充满关爱和信任，就可以形成健全的attachment。由于婴幼儿可以信任他人，感受到自己的价值，所以长大之后他就可以建立稳定的人际关系。而另外一方面，如果婴幼儿和抚养者之间的关系不稳定，就无法形成健全的attachment，长大之后他的人际关系也很容易变得不稳定。

曾有过这样的调查，探讨attachment与婴幼儿时期回忆的关系。该调查以满足条件的大学生为对象。我们对他们在婴幼儿时期与抚养者之间的attachment状态进行了评定，并保存了这些数据。该调查在要求他们回忆过去，对过去进行评价的同时，还要求他们对现在的大学生活适应状态进行评价。

Diary

从时间上来说，我们的过去并不属于过去，而是属于现在

距现在1600多年以前，宗教学家奥古斯丁在以自己的灵魂历程为基础编著的《忏悔录》中，论述了自己的记忆理论。该理论超越了20世纪心理学家们的记忆理论，给予现代记忆理论很大的启示。

"如果过去和将来都存在，我愿意知道它们在哪里。假如目前为我还不可能，那么我至少知道它们不论在哪里，绝不是过去和将来，而是现在。因为如作为将来而在那里，则尚未存在，如作为过去，则已不存在。为此，它们不论在哪里，不论是怎样，只能是现在。"

奥古斯丁　《忏悔录》　（401年出版：宫谷译，2007年）

同时与记忆结合在一起，以以下的方式继续。

"有一点已经非常明显，即将来和过去并不存在。说时间分过去、现在和将来三类是不确当的。或许说：时间分过去的现在、现在的现在、将来的现在这三类，比较确当。

这三类存在于我们心中，别处找不到，过去事物的现在便是记忆，现在事物的现在便是直接感觉，将来事物的现在便是期望。

如果可以这样说，那么我是看到三类时间，我也承认时间分三类。"

认为过去就是事实的看法是错误的，过去归根结底只存在于现在的记忆中。正因为如此，过去的记忆实际上是现在心理状态的反映，能够适应现在的人，他们的过去很可能是光明的，而不适应现在的人，他们的过去很容易变得黑暗。

其结果显示，大学生们所回忆出来的婴幼儿时期的情况与当时所评定的attachment的稳定性并没有什么联系，而是与现在的适应状态有关。也就是说，与婴幼儿时期attachment稳定的大学生相比，婴幼儿时期attachment不稳定的大学生并不认为自己的婴幼儿时期是不稳定的或是不幸福的。但是，我们能够从中看出以否定的态度回忆自己婴幼儿时期的大学生具有无法适应现在生活的倾向。

也就是说，有些大学生并不是因为婴幼儿时期的attachment稳定而对自己的幼儿时期持肯定的态度，而是因为他们现在的大学生活很顺利，所以才会在回忆自己的婴幼儿时期时持肯定的态度。

上述内容如实地反映出所谓的过去是以现在的状态为基础被重新评价、重新创造出来的。所以说，如果你回忆的过去是阴暗的，有可能并不是过去的错误，而是意味着你现在的心理状态不好。"正是因为过去不好所以现在的防御心理才如此之强"，无论是工作还是人际关系，当实际要求无法顺利实现时，总是有人会像这样将其归咎于自己的成长经历。

老小孩（Adult Children）这个词流行之后，总是突然改变态度的人开始引起人们的关注。但是这种突然改变态度的方法并不是走到哪儿都行得通的。如果能够让现在更加充实，让现在的心理状态好转，对过去的回忆就会完全不同。人们之所以无法以肯定的态度回忆自己的过去，是因为自己现在的生活态度不够积极。

Diary

回忆过去可以告诉我们现在的心理状态

小时候太快乐了

对于小时候好像没有留下什么好的印象……

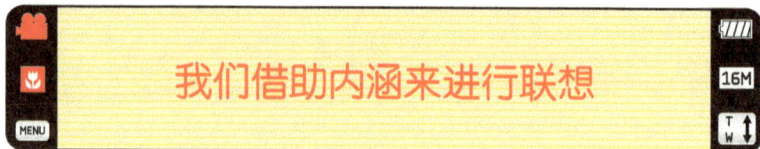

我们借助内涵来进行联想

无论什么，我们总是会去寻求它的内涵。

看见什么时，我们总是希望能够读出其深层的含义。右图是名为"男人与少女"的系列插图。从左上方的a开始按顺序观察该插图的人所看见的是男人的脸，即使到了d和e，看见的应该还是男人的脸。然而，从左下方的h开始按顺序观察该图的人所看见的是裸体哭泣的少女，即使到了e和d，看见的应该也还是裸体哭泣的少女。

d和e看起来既像男人的脸，又像裸体的少女。究竟看起来像什么是由视觉的连贯性决定的。规定观看顺序正是其意义所在。对同一个插图，如果认为"应该是男人的脸"的话，看起来就会像男人的脸，如果认为"应该是裸体的少女"的话，看起来就会像裸体的少女。看起来究竟像什么会根据观察的人所认为的内涵而发生变化。

有一个将该原理与记忆联系在一起进行确认的实验。该实验是让被测试者观察图形并进行记忆，再让他们对图形进行回忆，从而对记忆时给图形取名并贴上标签这一件事会对之后的记忆产生怎样的效果进行探讨。实验过程中使用了多个图形，并为每个图形准备了两种标签，给不同的人不同的标签之后让他们进行记忆。

其结果显示，即使是相同的图形，如果拿到的标签不同，之后所回忆到的图形也不同。与记忆时所提供的原始图形相比，回忆到的图形会向符合标签内涵的方向歪曲。

44

Diary

Fisher的"男人与少女"

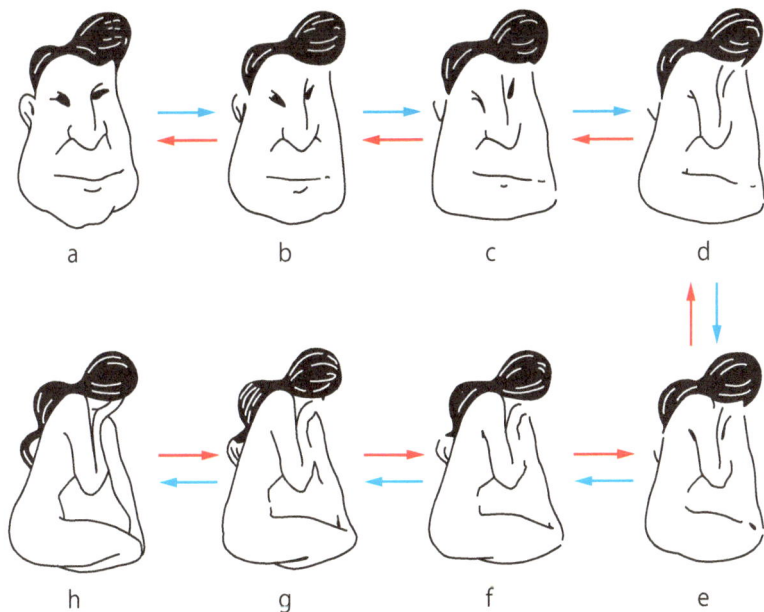

a　　　　b　　　　c　　　　d

h　　　　g　　　　f　　　　e

(Fisher，1968；榎本，1998)

　　以a→b→c的顺序来观察的话，d和e看起来会更像男人的脸。以h→g→f的顺序来观察的话，e和d看起来会更像裸体哭泣的少女。由此可以看出，我们的知觉是如何地依赖观察顺序。

下页图中所示的是我所进行实验的结果。以第一组图形为例，从中我们可以看出，用标签"窗户和窗帘"进行记忆的人与用标签"四边形中的钻石"进行记忆的人，虽然看到的是同一个图形，但之后所回忆的图形出现了典型的差异。用标签"窗户和窗帘"进行记忆的人更容易回忆出像拉开的窗帘一样具有曲线的图形。而用标签"四边形中的钻石"进行记忆的人，则更容易回忆出钻石被收纳在四角方框中的直线形图形。

其他图形也是一样。再以中间的图形组为例进行说明，如果注意到两个圆之间的直线，用标签"铁制哑铃"进行记忆时，更容易回忆出像哑铃一样两个圆相分离的图形；而与此相对，用标签"眼镜"进行记忆时，则更容易回忆出像眼镜一样两个圆非常接近的图形。最下面的图形组也一样。用标签"12，13，14"中的"13"进行记忆时，更容易回忆出像"13"一样"1"和"3"相分离的图形；而与此相对，以标签"A，B，C"中的"B"为基础进行记忆时，则更容易回忆出像"B"一样"1"和"3"接近的、单一文字的图形。

从这个实验能够明显看出的是，我们在回忆所记忆的内容时，具有赋予内容一定的内涵之后再进行回忆的倾向，所回忆的内容也会向符合该内涵的方向歪曲。

回忆的图形会因记忆时使用标签的不同而不同

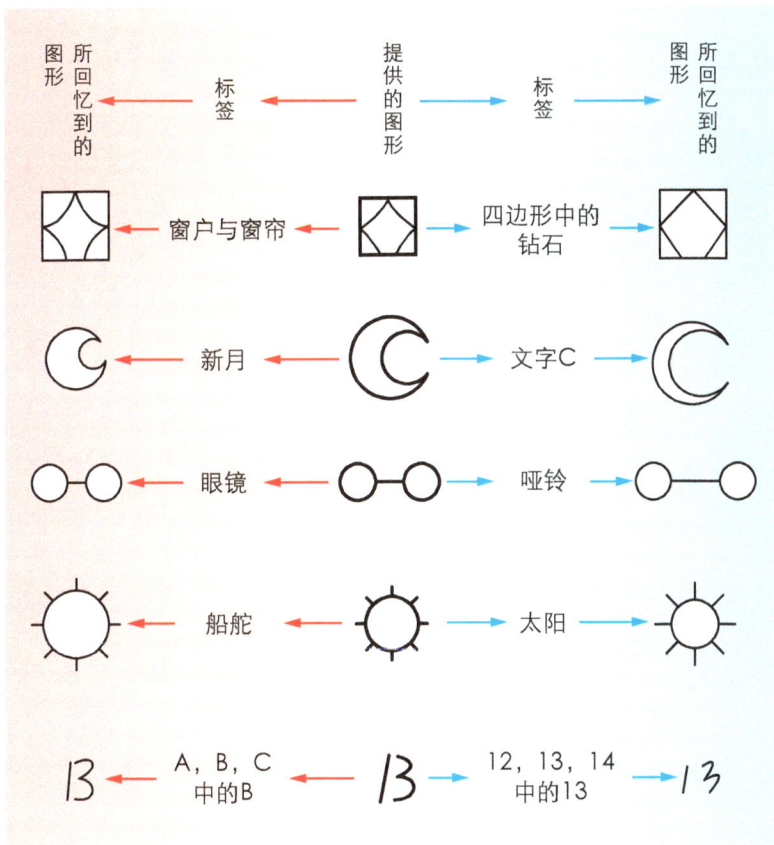

(榎本，1999)

在第一组图形中，虽然记忆的都是中间的图形，但把该图形与标签"窗户和窗帘"放在一起进行观察的人们，之后所回忆出的图形是像窗帘一样的曲线图形；而与此相对，将图形与标签"四边形中的钻石"放在一起进行观察的人们，之后所回忆出的是直线形图形。其他组的图形也一样，根据记忆时与图形配套的标签内容不同，所回忆出的图形也会向符合标签内涵的方向歪曲。由此我们可以知道，回忆会依靠其内涵对记忆进行再创造。

第2章

记忆的机制
——记忆是这样被创造出来的

　　想要知道记忆为何如此不确定，就需要我们牢固地掌握记忆是如何被创造出来的、可以记忆的信息量有多少等记忆的基本机制。第2章将从记忆的基本过程出发，就记忆的种类、感情和记忆之间的关系等进行详细的讲解。

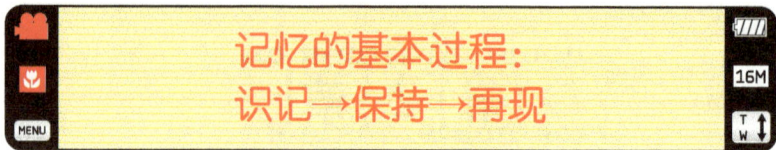

将不同年龄的人聚集在一起去唱卡拉OK时，一定能听见年纪大的人这样说："最近的新歌完全记不住，只会唱过去的老歌。"如果他总是这么说话的话，就会被别人说成是"老了吧"等。

"最近的新歌完全记不住，只会唱过去的老歌"这是很多老年人的实际感受。在这里，只要仔细思考，我们就会发现记忆的不可思议之处。即使听了最近的新歌也会立刻忘记的人为什么能够一直记住过去的老歌呢？如果是记忆力衰退了的话，那么也应该从陈旧的记忆开始忘记，为什么还能记住过去的老歌呢？

这一疑问可以说与记忆的基本过程有着密切的关系。

如下页上图所示，我们可以想象出记忆的基本过程包括识记→保持→再现三个阶段。

所谓的识记是指将某些事情铭刻在心里的功能。所谓的保持是指维持所识记内容的功能。再现是指将所保持的内容抽取出来的功能。

随着计算机的出现，科学家希望通过信息处理模型来解释人类心理机能，于是在记忆研究领域导入了信息处理模型。信息处理模型，如下页上图所示，是将记忆的基本过程看成拥有编码→存储→检索流程的信息处理过程。

记忆的基本过程

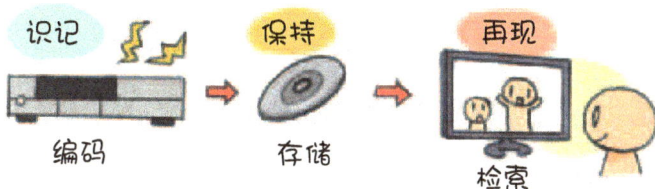

识记　　保持　　再现

编码　　存储　　检索

记忆是通过识记（编码）、保持（存储）、再现（检索）这一基本过程来实现的。即使进行了正确的编码，如果不能顺利地存储，则无法正确再现；如果编码不正确，则无论怎么存储，都不可能正确再现；即使编码和存储都没有问题，如果检索失败，也无法正确再现。

编码将输入的信息转换成能够进行内部处理的形式，可以把它看成是识记的方法。存储对已经编码的记忆表象进行储藏，可以用保持来进行替换。检索从所存储的无数个记忆表象中寻找所需要的记忆表象，可以将它看成是再现的方法。

无论我们将记忆流程设定为识记→保持→再现，还是编码→存储→检索，对于记忆基本过程的认识是没有任何区别的。

也就是说，所谓的记忆就是记住某件事之后保持不忘记，然后在需要的时候回忆出来的、可以在日常生活中有效运用的能力。

在本节的开始曾经提到过，随着年龄的增长，会记不住新歌的歌词，这就意味着识记的能力减弱了。其实这不仅仅是识记能力衰退的问题，与自己所注意、关心的内容也有关系。与年轻人相比，由于老年人对流行歌曲缺乏热情，不关心，所以识记功能就会相对较差。而他们之所以会唱过去的老歌，是因为即使识记的能力出现了衰退，但由于年轻的时候唱过很多遍老歌，歌词已经非常清楚地铭刻在他们心里了，所以他们保持、再现得非常好。

即使只举了这一个例子，从中我们也可以看出，记忆的心理机能包括识记（编码）→保持（存储）→再现（检索）这三个阶段。

年轻时所识记的内容很难忘记

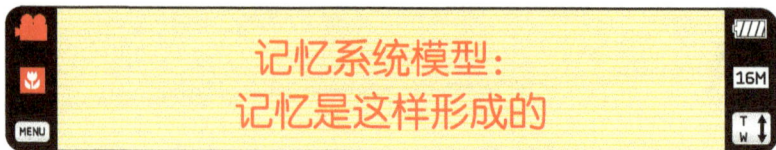

阿特金森和谢夫林从基于信息处理理论的认知心理学角度出发，提出了记忆的多重记忆系统模型。来自外部的信息究竟是在怎样的基础上被处理的呢？他们以此为立足点，如下页上图所示，将记忆分为感觉记忆（感觉信息的存储）→短时记忆（短时信息的存储）→长时记忆（长时信息的存储）这三个阶段，并将记忆存储与再现（检索）系统模型化。

感觉记忆是指信息仅可以保持一瞬间的记忆。来自外部的信息首先进入感觉寄存器，在这里作为感觉记忆进行极短时间的保存，大致在1秒内就消失了。看见的、听到的、感觉到的东西等通过感觉器官所感知的刺激全部都形成感觉记忆。其中视觉刺激的感觉记忆——视像记忆（Iconic memory）的持续时间约为500毫秒。听觉刺激的感觉记忆——声像记忆（Echoic memory）的持续时间约为5秒，比视像记忆要长得多。

总之，由于无数的刺激通过感觉器官源源不断地流入，除特别注意的刺激之外，剩下的刺激都会立刻消失。正因为如此，我们才可以在无止境的、接近泛滥的记忆洪水下生存下来。如果将我们看见的、听见的、接触到的所有东西都存储在记忆里，记忆容量就会在瞬间超标，那我们可能连基本的自由活动都无法实现了。

短时记忆是指可以保持数秒至10秒的短暂记忆。大家可能会认为记住一个单词是非常简单的，其实不然。如果在记完一个单词之后进行完全无关的活动的话，3秒之后仅有50%的人、

记忆的过程

感觉记忆	短时记忆	长时记忆
约1秒之后消失	保持数秒至10秒（是否进行复述会对所能保持的时间产生影响）	半永久性保持

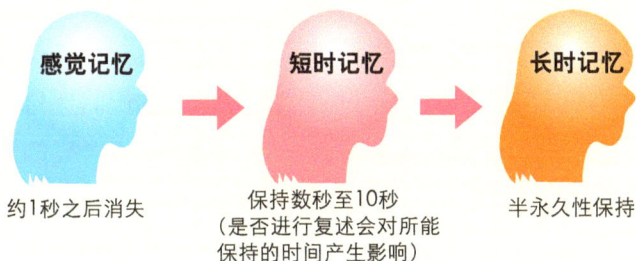

记忆是通过识记（编码）、保持（存储）、再现（检索）这一基本过程来实现的。即使进行了正确的编码，如果不能顺利地存储，则无法正确再现；如果编码不正确，则无论怎么存储，都不可能正确再现；即使编码和存储都没有问题，如果检索失败，也无法正确再现。

短时记忆的保持曲线

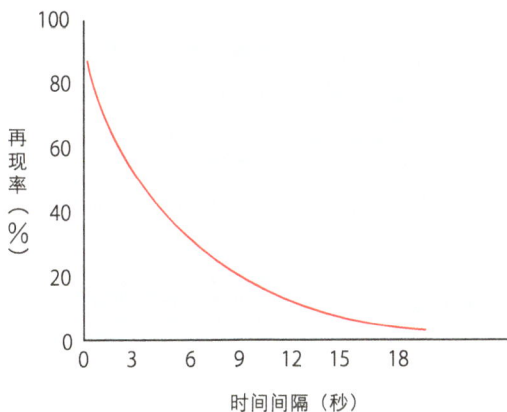

（Peterson and Peterson, 1959年）

感觉记忆虽然会在瞬间消失，但通过复述可以转变成短时记忆。通过有效地、细致的复述，还可以转变成长时记忆。

55

10秒之后仅有20%的人能够回忆出这个单词。而18秒之后，几乎没有人能够回忆出来。

大脑通过对希望保持的刺激进行反复记忆，可以延长保持的时间。例如，在询问电话号码拨打电话时，被告知的电话号码会转变成短时记忆，通过复述继续保持的同时拨打电话，可以延长记忆时间。但如果疏于复述，对于电话号码的记忆就会在瞬间消失，想打电话时可能无法回忆出，只能重新查看记录。但是，这种基于机械性重复的复述，仅仅能够实现声像记忆，所以充其量几十秒之内就会消失。

以Craik和Lockhart所提倡的加工层次理论为基础，复述也可以根据加工层次的高低程度分成两种，即仅进行机械性重复的、加工层次较低的保持性复述和赋予其内涵或进行联想的、加工层次较高的精细复述。保持性复述只能对信息进行暂时的保持，而精细复述则能将信息转至长时记忆，从而进行长时间的保持。

长时记忆是指通过内涵之间的关系来保持所识记的内容，是相对永久性的记忆。长时记忆中所保持的是至今为止所经历的有意义的事情和知识。情景记忆和语义记忆都属长时记忆，之后我还会对记忆的种类进行详细的解释。

最近的研究显示，为了将记忆转至长时记忆，短时记忆既可以作为复述的基础，还可以将记忆暂时提取出来以完成会话、思考、读书、计算等日常的认知工作。因此，短时记忆的重要性日益受到关注。

记忆的保持程度因复述的不同而不同

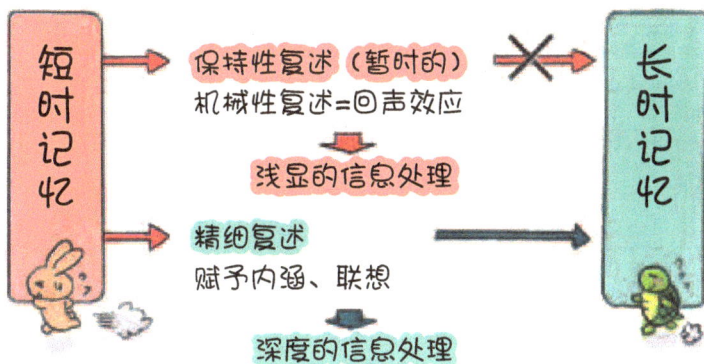

复述的加工层次

16M

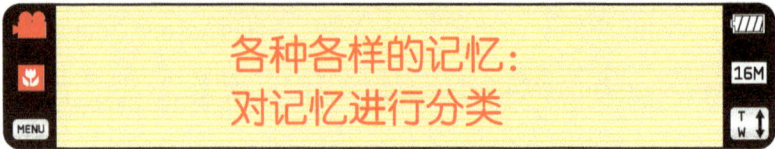

　　我们在日常生活中经常使用的记忆主要是长时记忆。长时记忆包括情景记忆、语义记忆和程序记忆。

　　如下页图中所示，记忆可以分为宣言性记忆和非宣言性记忆两种。宣言性记忆中有情景记忆和语义记忆，程序记忆属于非宣言性记忆。

　　宣言性记忆是指可以用语言表述的记忆。托尔文将宣言性记忆分为对以个人经历为基础的事件的记忆和对事实性、概念性知识的记忆两种，其中，前者是情景记忆，后者是语义记忆。

　　情景记忆是指基于个人经历的记忆，是与特定的时间和地点结合在一起的具体事件的记忆。比如，几岁时发生了怎样的事情，昨天谁告诉我什么样的事情等关于个人所经历的事情的记忆是典型的情景记忆。

　　语义记忆则与特定的时间和地点无关，是对于一般知识、概念的记忆。其典型是物品的名称、抽象的概念、词语的含义等。

　　非宣言性记忆是指很难用语言表述的记忆。属于非宣言性记忆的**程序记忆**是指用认知、行动等一系列程序的形式再现的记忆，主要是指与技能有关的记忆。其典型是运动技能、演讲技能、礼仪等。

58

记忆的分类

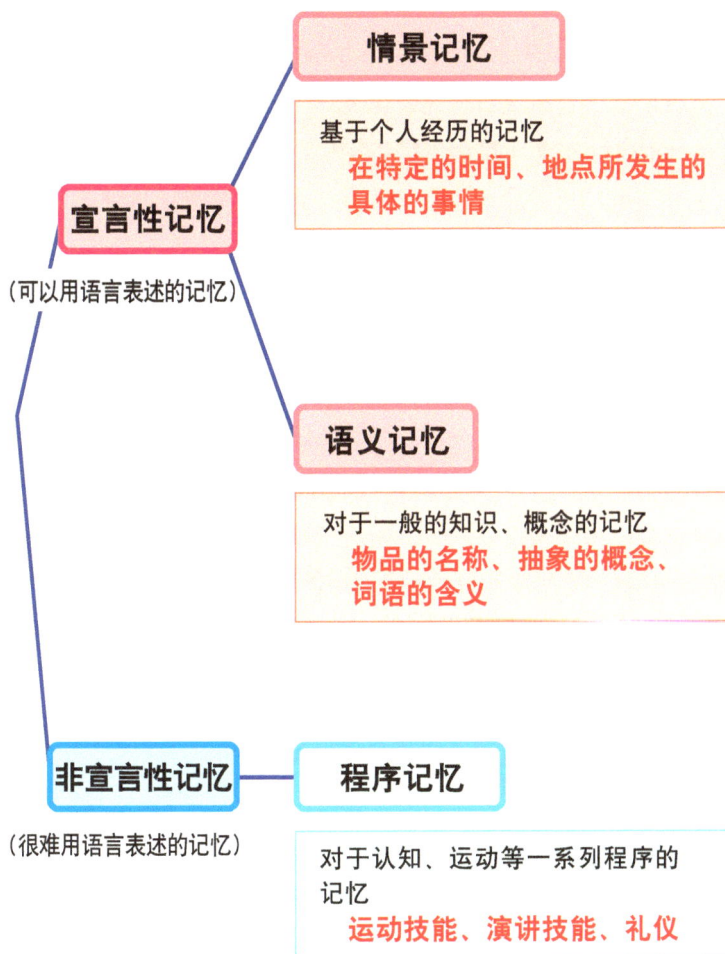

情景记忆

基于个人经历的记忆
在特定的时间、地点所发生的具体的事情

宣言性记忆

(可以用语言表述的记忆)

语义记忆

对于一般的知识、概念的记忆
物品的名称、抽象的概念、词语的含义

非宣言性记忆

(很难用语言表述的记忆)

程序记忆

对于认知、运动等一系列程序的记忆
运动技能、演讲技能、礼仪

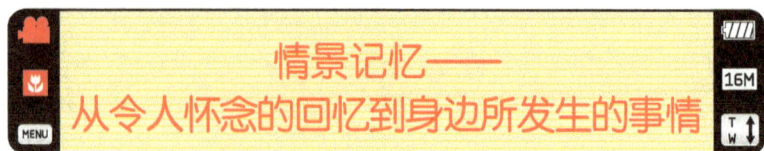

对于个人的经历、社会上所发生的事情的记忆我们称之为**情景记忆**。

根据托尔文所提出的情景记忆的概念，情景记忆是指有意识地对某一时间、某一地点自己所经历的事情进行再现的记忆。

根据托尔文的这个定义，情景记忆给人自传式记忆的印象。**自传式记忆**是指从小时候到现在，构成自己成长经历的记忆。像"上幼儿园的时候，曾经在学踢足球的时候摔倒骨折过"、"小学三年级的时候曾经转过校"、"在新学校经常和同学吵架"、"上大学之后开始在东京生活"、"工作之后第三年公司倒闭了"等，自己的行为、发生在自己身上的事情等都属于自传式记忆。

然而，对记忆进行分类后我们发现，不仅仅是关于自己的记忆，将自己所看见的、听见的事情也归类为情景记忆会更为方便。于是，我们将对社会事件的记忆也放入了情景记忆的范畴里。对于社会事件的记忆，既包括对于如"听说乐天和阪神在甲子园打日本联赛的时候，为了保护乐天球迷不受攻击，警察将乐天球迷围了起来"等与自己有一定距离的事件的记忆，也包括对于如"昨天谁因工作上的失误被经理批评后，那个人反倒生气了，结果闹得轩然大波"等自己身边所发生的事情的记忆。也就是说，社会事件不仅仅是指从新闻、报纸上等得来的或是从别人那里听来的、与自己相距甚远的事件，还包括发生在自己的朋友、同事等熟悉的人身上的事情。

情景记忆中更多包含的是如"上小学时，养的小鸟死了，我非常伤心"、"上中学的时候，我在钢琴比赛中得了奖，非常开心"、"上周无缘无故地被领导骂了一顿，太让人生气了"等伴随感情的内容。所以在回忆时，如何替换伴随强烈感情的情景记忆，如何降低情感效价也成了常被咨询辅导的重要课题。当然，回忆与怀念的人之间所发生的事情、青春时期所发生的事情等的时候，大多都会让人感到很温暖。但是也有像"每周六都去超市买东西"、"今天还没有看报纸"等不带感情色彩的事情。

情景记忆的分类

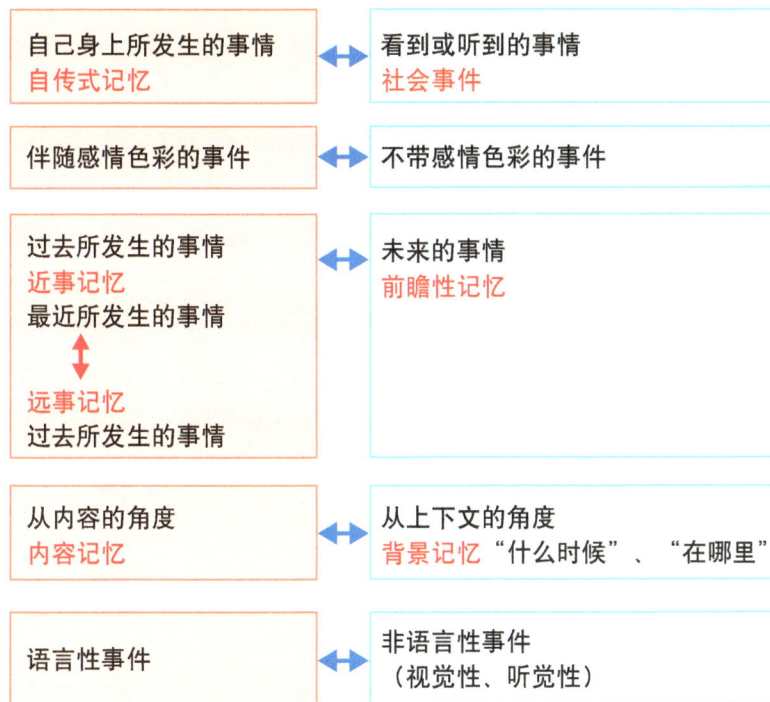

自己身上所发生的事情 **自传式记忆**	看到或听到的事情 **社会事件**
伴随感情色彩的事件	不带感情色彩的事件
过去所发生的事情 **近事记忆** 最近所发生的事情 **远事记忆** 过去所发生的事情	未来的事情 **前瞻性记忆**
从内容的角度 **内容记忆**	从上下文的角度 **背景记忆** "什么时候"、"在哪里"
语言性事件	非语言性事件 （视觉性、听觉性）

情景记忆可以按时间的方向性来进行区分，如关于过去的记忆及关于未来的记忆等。关于未来记忆的典型就是前瞻性记忆。

　　我们不仅可以从时间的方向性，还可以从时间的距离来区分情景记忆。虽然记忆的时候花了很长的时间，但很快就会忘记的记忆我们称之为近事记忆，如"今天的早饭吃了什么"等，虽然当天可以记得，但由于没有必要存储，所以几天之后就会忘记。与此相对，经过很长时间却无法忘记、已经固定的记忆我们称之为远事记忆，如"小时候在美国生活了一年"等记忆是很难忘记的。

　　情景记忆还可以从内容和背景等角度来进行区分。关于事件本身的记忆我们称之为内容记忆，关于"什么事情"、"在哪里"等的记忆我们称之为背景记忆。但能够回忆出内容，却无法回忆出背景的情况时有发生。

　　虽然情景记忆被认为是宣言性记忆的代表，但其中也不乏无法用语言来表述的情景记忆。比如，在回忆旅行中所发生的事情时，会像看画儿一样以视觉影像的形式来回顾旅游景点的风景。还有，总是存在这样一些影像，与堆积文字的日记相比，更适合用绘画、拍照等形式来表现。这些影像虽然没有表现在文字上，却可以引起内心的震撼。

　　视频影像就是其代表。虽然以语言的形式表现，却可以栩栩如生地记录下运动会上、和家人一起旅行时所发生的事情。情景记忆也应该有这样的侧面。由此我们可以知道，情景记忆并非一定要用语言来描述。

情景记忆创造丰富的人生

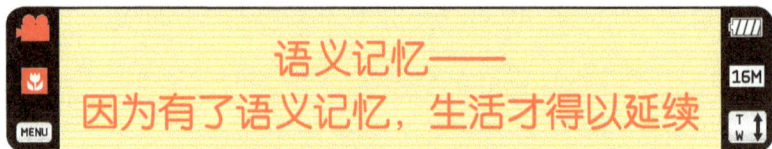

语义记忆是指与特定的时间、地点无关，对于一般知识、概念的记忆。

情景记忆和语义记忆都是可以用语言来表述的记忆，将这两种记忆区分开的是托尔文。与特定的时间、地点结合在一起的、具体事件的记忆是情景记忆，与时间、地点无关的一般化、抽象化的记忆是语义记忆。

物品的名称、抽象的概念、词语的含义等是语义记忆的典型。很多人都经历过痛苦的高考，高考所要求的记忆正是语义记忆。不仅是高考前冲刺这一学习场面，语义记忆被应用于日常生活的方方面面。没有语义记忆，生活就无法继续。

对人名、物名、地名、站名、公司名等专有名词的记忆也都是语义记忆。另外，对花、鸟、犬、石、树及其他生物概念，对学校、公司、NPO、医院、酒店等社会构成体概念，对法律、各种游戏规则等抽象知识的记忆也属于语义记忆。

为了便于日常生活的使用，语义记忆在记忆中是被体系化的。右图即为语义记忆的体系模型，通过概念之间共通的特性将各种食物联系在一起，从而形成语义记忆体系。公共汽车、救护车、消防车、卡车等作为交通工具被体系化，橘色、红色、黄色、绿色等形成颜色的网络，消防车与红色则会以消防车是以红色为基础联系在一起，它位于交通工具体系和颜色体系的交汇处。

Diary

语义记忆的分类

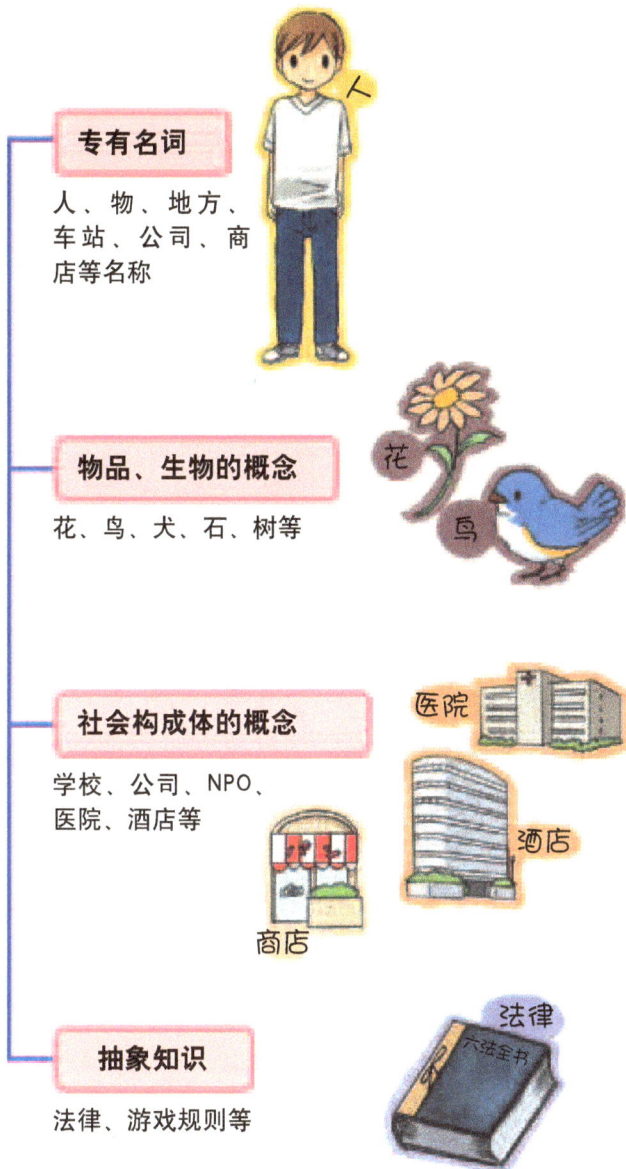

专有名词

人、物、地方、
车站、公司、商
店等名称

人

物品、生物的概念

花、鸟、犬、石、树等

花

鸟

社会构成体的概念

学校、公司、NPO、
医院、酒店等

医院

酒店

商店

抽象知识

法律、游戏规则等

法律

六法全书

语义记忆具有层次分明的记忆结构。如右图所示，各种概念作为体系中的各交点被表现出来。有鳍和腮，会游泳的是鱼；有翅膀和羽毛，会飞的是鸟。金丝雀、鸵鸟是鸟的下位概念，大马哈鱼、鲨鱼则是鱼的种概念。

　　这是关于具有共有含义，被社会、文化所认可的记忆。另外，社会中还有通过个人经验的积累而形成的、个人所独有的记忆体系。例如，与世界观、人生观等价值观有关的内容：人类是指……、幸福是指……、活着的意义在于……、男人应该这样、女人应该这样等与价值观相关的抽象概念。这些都是以个人经历为基础的、极其主观的语义记忆。

　　托尔文认为语义记忆仅限于可以用语言表述的内容，而之后的研究却将其范围扩大至并非全都用语言为媒介的记忆范畴。就像刚刚所列举的幸福是指……、活着的意义在于……等抽象的概念，这些不论是不确定还是只能体会，都是很难用语言来进行解释的。

　　情景记忆和语义记忆的分界线实际上是非常模糊的。既有研究人员反对对两者进行区分，也有研究人员认为只要在语义记忆中加上日期等信息就可以使之成为情景记忆，因为两者的基本原理是一致的。例如，我们在新闻上所看到的特定事件会形成情景记忆，但不知道什么时候，其可能会作为历史事件、一般知识转移至语义记忆。

柯林斯和洛夫特斯的语义记忆模型

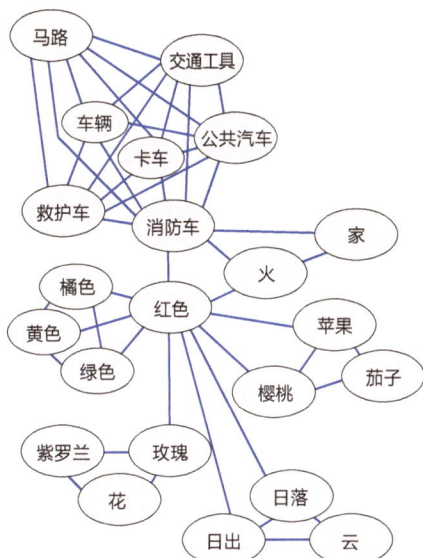

(柯林斯和洛夫斯特，1975；大田·多鹿，2000)

按层次组织起来的记忆结构举例

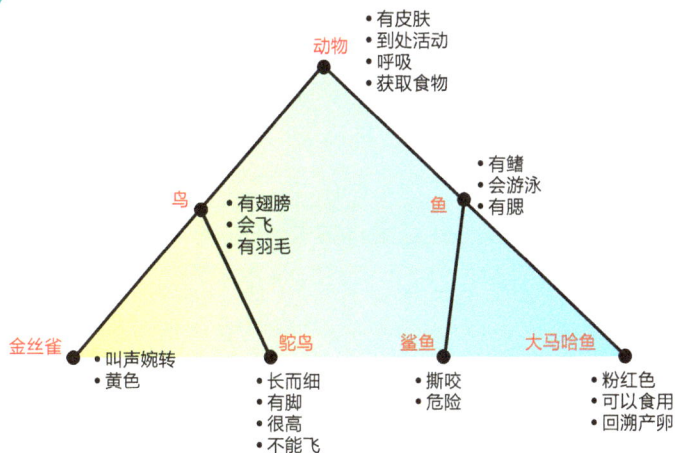

(柯林斯和洛夫斯特，1975；大田·多鹿，2000)

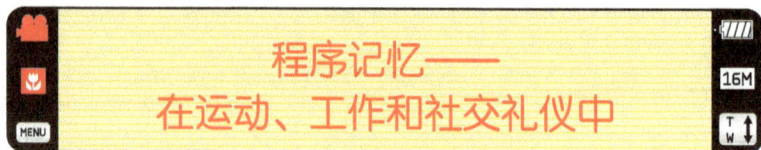

对于运动、工作技巧的记忆我们称之为**程序记忆**，它是指掌握具有较强运动因素的技能、习惯以及程序性的知识等很难用语言来表述的记忆。

怎么骑自行车、如何游泳、怎么弹钢琴等都是程序记忆的典型。这些技巧可以通过反复的训练自然获得，而且一旦熟练，身体就会下意识地动起来。其中程序记忆发挥着重要的作用。这种记忆并不是通过理解语言来进行记忆，而是通过身体来进行记忆。

我们经常出现一旦很长时间不练习就会觉得生疏的情况。这是因为身体并不是以语言的形式来提取记忆，而是在运动过程中进行记忆，从而使运动协调。也就是说，程序记忆虽然无法用语言来解释，却可以通过身体运动的感觉来记忆。运动员、艺术家的表演就是通过程序记忆而形成的技能。

这种动作的记忆中存在很难用意识进行控制的部分。比如说，弹钢琴时，在意识到手指运动的瞬间会容易出现错误。这是因为程序记忆已经成为一种自发的行为不断发挥作用，而一旦重新产生意识，运动的流程就会被中断。

如上所述，程序记忆是一种潜在性的内隐记忆，很难消失。这是因为内隐记忆原本就是很难出现在意识里的记忆，所以即使没有意识也很难忘记。对于那些在小时候摔了很多次，膝盖曾经擦破过无数次才学会骑自行车的人来说，即使很多年不骑车也不会忘记怎么骑。因为他们通过身体的感觉记住了很难用语言来解释的技巧。

各种各样的程序记忆

运动技能
怎么骑自行车、开车、游泳，网球的发球方法，如何滑冰，棒球如何投球、击球

艺术技能
如何弹钢琴、拉小提琴、吹长笛、吹小号、练书法、画画、雕刻

工作技能
主持会议的方式、作报告的方式、格式文件的处理方法、电话应对的方法、营业商谈的方式、与其他公司或部门进行交涉的方法、机械维修的方法、设计图的画法

社会礼仪
寒暄的方式、感谢信的写法、敬语的用法、礼貌待客的方法、进餐礼仪

　　程序记忆并不是用语言来表述的记忆，而是作为内隐记忆发挥着控制行动的作用。

由于大多数程序记忆都是没有形成意识的、潜在性的，所以即使无法有意识地回忆起来，也可以通过身体来进行回忆。比如说，我们有时候无论如何都无法回忆出来的以前的地址，但只要一拿起笔就可以流畅地写出来，这是因为地址已经作为身体运动被牢牢地记住了。

除运动技能之外，工作技能、社会礼仪等都属于程序记忆。例如，开会时主持会议的方式、作报告的方式、失礼时如何向客人道歉等社会技能也是程序记忆。虽然这些社会技能也曾经作为知识学习过，但它们在不断被重复训练的过程中，已经超越了知识，升级成个人所掌握的一种技能。

近年来，不善于交流、不懂社会礼仪的年轻人越来越多，已经成为严重的社会问题。由于这些年轻人没有掌握相应的技能，所以他们不善于与人交往，于是逐渐失去了进入社会的自信，很容易宅在家里。以上问题的出现可以说是过分偏重知识、疏于进行程序记忆训练的结果。

当今"揣摩气氛"这个词之所以能够盛行，反映的正是如何应对无法用语言表达的技能。

工作技能、社会礼仪都是程序记忆

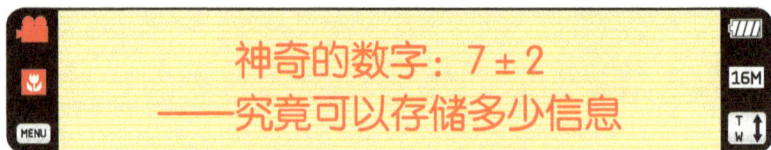

有这样一种智力测试，它是在阅读完数字之后，让被测试者对所阅读的数字进行回忆。比如，测试人员读出了"5-8-2"后，被测试者立刻重复"5-8-2"。通过这样的测试，能得到50%正确率的数字的位数我们称之为数字的记忆范围。通过测试我们知道，数字的记忆范围平均为7位数。当然，既有擅长记忆的人，也有不擅长记忆的人，虽然存在个人差异，但几乎所有的人的记忆范围都在5~9位数。

除数字之外，还有记忆单词、记忆文章的课题，但是无论是什么样的课题，记忆范围都在7个单位左右。发现这一现象的米勒在名为"神奇的数字：7±2"的论文中，提出了组块（chunk）这个信息单位概念。人类只能够记忆5~9个组块，平均为7个组块。我们在日常生活中使用较多的电话号码大多为7位数，这是有一定道理的。

组块是指对于记忆的人来说有意义的组合。如果单独记忆一个数字或是一个字，则平均只能记住7个数字或7个字左右。然而，如果将3个数字组合成三位数，或是将3个字组合成一个单词，则这三个数字或字就形成了一个组块。我们称之为组块化（chunking）。

如果能够记住7个三位数或三个字的单词，记住的数字或文字就是21个，即记忆容量能够增至3倍。如果所记忆的是将数字组合在一起的算式或是将单词组合在一起的文章，由于一个算式或是一篇文章形成为一个组块，我们就可以记忆7个算式或7篇文章。通过组块可以使我们能够记忆的数字或文字的数量得到飞跃性增长。

通过赋予单独的记忆材料意义上的联系来增加每个组块的信息量，可以大幅度地扩展我们的记忆容量。

神奇的数字：7±2

如果是一位数的话

| 5 | 9 | 4 | 3 | 1 | 7 | 6 |

如果是三位数的话

| 594 | 317 | 628 | 419 | 072 | 364 | 850 |

如果是一个英文字母的话

| a | b | c | d | e | f | g |

如果是由三个英文字母组成的单词的话

| art | big | cat | day | ear | fat | gad |

（榎本，2003）

通过赋予其内涵可以增加每个组块的信息量。由此，包含在7±2个组块中的信息量就可以无限增大。

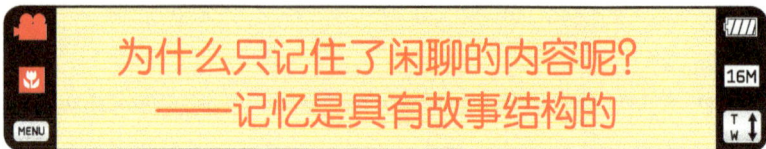

　　批改试卷时，有时候会碰到学生在考卷上写着"虽然问题几乎都没回答出来，但每次老师的课我都去上了，老师闲聊的内容我都记得特别清楚"的情况，甚至还有学生总结出闲聊内容的重点写在试卷上。这些学生没有记住应该记住的重要内容，却只记住了老师闲聊的内容。

　　这与记忆本身具有故事结构有关。比如说，当我们怎么也记不住的时候，通常会使用押韵的方法，这样的话大部分内容都能够记住。押韵的有效性清楚地说明记忆是具有故事结构的。

　　我们会对意识到的事情进行记忆。实际上，在记忆之前，意识本身就具有故事结构。接下来就让我们来看巴特莱特的相关古典研究。

　　例如，事先我们给出以下提示，"这里有很多墨水的印记。这些印记并没有什么特别的意思，却能让我们联想到很多内容。有时候看着像云，有时候看着又像火焰中的人脸，无论你看着像什么都没有关系。"在这个提示的下，请看右图中被测试者的回答。

　　"生气的妇女正在和坐在椅子上的男人说话，还有一个拐杖。"

　　"熊头和母鸡，母鸡正看着自己水中的倒影。"

　　"生气的教区官吏正在将闯入并留下足迹的海狸往外赶。"

　　通过以上回答我们可以知道，虽然是相同的刺激，但不同的人所觉察到的内容会有很大不同。不仅如此，我们还能体会到，对于由墨水印记形成的单纯刺激，我们却拥有想方设法想从中读

意识内涵的多样性

（巴特莱特，1932；榎本，1999）

　　提供意思不明确的模糊刺激（图片等）后询问该刺激看起来像什么的心理测试法被称为投影测验。

　　每个人都拥有各自独立的主观世界，构成其主观世界的欲望、态度则是通过认识这些不明确的刺激反映出来的，投影测验是以这一假设为基础的。

　　由于刺激是多含义且没有结构的，看成是什么都可以，再加上每个人回答的方法也是自由的，所以投影测验很容易反映出个人独特的内心世界。

　　具有这些特性的投影测验显示出我们的意识是具有故事结构的。

出故事内容的心理倾向。我们是随着故事成长起来的，这一点不用多加说明。换句话说，我们在觉察到什么的时候，有将其看成是能够被理解、可以进行解释的、有意义的内容的习惯。探寻深层心理时，经常在临床上使用的罗尔沙赫氏测验也是在人类这种心理机制的基础上形成的。

　　米乔特所进行的关于知觉的古典实验也清楚地显示出人类的知觉是追求故事性的。该实验证明，通过两个长方形的运动能够让人们觉察到其中的因果关系。一个长方形A朝着长方形B移动，在相撞之前突然停止。接下来，让长方形B开始朝着与长方形A相同的移动方向移动。看见这一过程的人们的典型反应是："长方形B为了不阻碍长方形A而躲开了"，"当长方形A接近长方形B时，长方形B因为吓了一跳而逃走了"。像这样，人们总是希望找到两个长方形运动之间的因果关系。

　　就连本来没有任何意义的几何图形的运动，也会被我们的知觉强加上各种故事性的情节。由此我们知道，人类的知觉功能会被故事性所限制、束缚。

米乔特的实验

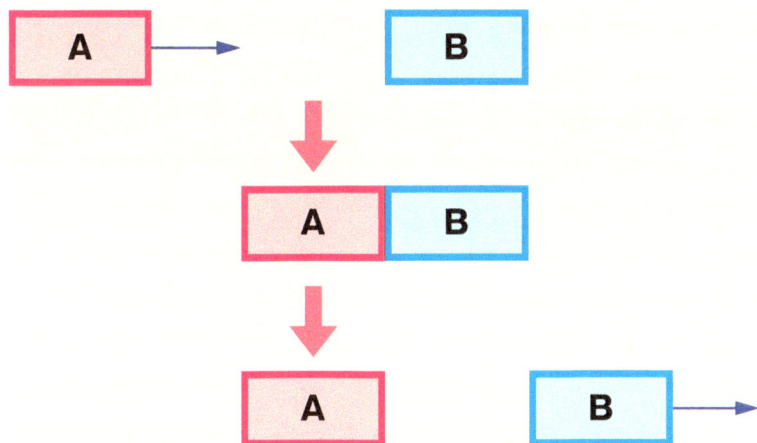

尽管长方形A和长方形B所进行的是各自独立的运动，但人们在观察时总是想去探求两者之间存在的因果关系。也就是说，对所有的事物我们都具有追求其故事性的习惯，对于因果关系的感觉就是其典型。

　　由于肯尼迪遇刺事件是非常惊人的大事件，所以很多美国人都清楚地记得自己是在哪儿、怎么得知该新闻的。也是一样，相信很多美国人都对2001年9月11日所发生的严重恐怖袭击事件留下了深刻的印象。

　　能唤起强烈感情的事件更容易留下深刻的记忆，作为经验之谈，这一点我们经常听到，但究竟有没有科学的证明呢?

　　有这样的调查，隔一段时间之后再次收集被收容在纳粹强制收容所里人们的证言，然后将前后两次的证言内容进行对比。由于强制收容所里的生活极其悲惨，所以被关押的人对在那里的体验，一定是印象极其深刻的。本调查在1943～1947年进行了第一次证言的收集，然后以相同的人们为对象，在1984～1987年进行了第二次证言的收集。将两者进行对照，结果发现，即使经过了40年，被关押的人对于在收容所里的恐怖记忆几乎是没有任何变化的。

　　同时，我们还进行了关于1989年美国加利福尼亚州的旧金山大地震的记忆调查。1992～1993年，我曾在距离旧金山地震震源很近的西海岸沿岸城市里生活过一年。虽然已经经过了三年，人们时常还会说起灾后城市中心留下的倒塌楼房，玻璃破碎、已经关闭的大银行等震后情况。

　　地震发生一年半之后，我们以亲身经历地震的人们和生活在乔治亚州没有直接经历地震的人们为对象，就地震的详细情况进行了询问。在加利福尼亚州亲身经历过这场地震的人们，一年半之后对地震的记忆与刚地震完之后的记忆一样，是没有

旧金山大地震的受灾情况

（照片来自当时的实时报道）

任何变化的。而与此相对，一年半之后，住在乔治亚州的人们对于地震的详细记忆几乎所剩无几。当事人并没有把这一经历当做知识来记忆，由此可见，经历强烈的感情反应会直接影响记忆的鲜明程度。

还有对强烈的感情能够促进记忆这一事实进行的更加直接的研究。1994年所发生的辛普森案引起了众多美国人的强烈关注。对于作为杀人嫌疑犯而被逮捕的辛普森，陪审员做出了无罪的判决。因为辛普森是黑人，而鉴于在1992年罗德尼·金事件中发生的反对人种歧视的暴动，陪审员几乎都是由黑人组成的。对于判决，存在赞成和反对两种意见，大多数白人都认为判决有误，而大多数黑人都认为判决正确。判决之后的第三天，研究人员对该判决进行了调查。在调查中，向被调查对象就在哪里、如何得知判决结果、知道该结果后产生了怎样的感情反应，及对判决结果是赞成还是反对等进行了询问。然后，在32个月之后对这些被调查对象再次提出同样的问题。结果显示约有50%的人的记忆与32个月之前几乎没有区别，是正确的。然而，超过40%的人的记忆与32个月之前有很大的不同，是不正确的。在对是否正确保持了大约三年前所发生事件的记忆进行判定的主要原因进行探讨时我们发现，记忆是否正确与知道判决结果时感情反应的强烈程度有关。也就是说，知道判决结果时，感情反应越强烈的人，对当时的记忆就越准确。

伴随强烈的感情反应时，记忆会越清晰

地震的受害者

地震时，我真的以为世界末日到了……倒塌的房屋、玻璃破碎的银行……就像一场噩梦。

仅作为知识来进行记忆的人

啊……是啊，我是在电视上知道地震的，真是太恐怖了！

我们知道，伴随强烈感情的事件会更容易留在记忆里，实际上也有例外。由于伴随着强烈的感情，有时反而会因此使记忆模糊。

这是在对目击证人证词的心理学研究中发现的，是指目击证人在目击时如果产生了强烈的感情反应，其对记忆的信息处理能力就会降低的心理现象。

为了调查暴力场面、凶残场面的感情反应带给目击证人证词的影响，调查人员使用银行抢劫录像进行了实验。在录像的一开始，强盗拿着枪威胁银行职员，抢走现金后逃跑了。在强盗逃跑之后，银行职员大叫："有强盗！现金被抢走了！"于是，两名男子开始追强盗。追着追着到了停车场，停车场里有两个少年在玩耍。在此之后，有两个版本。

凶残的版本是：在停车场，强盗一边跑向用于逃跑的车辆，一边回头向追赶他的两名男子开枪。其中一发子弹射中了正在玩耍的其中一个少年的脸，少年用手捂着脸倒下了。

非凶残的版本是：到强盗出现在停车场，两个少年在停车场玩耍为止，场景都是一样的。这时画面再次切换到银行，银行经理正在向银行职员及客人解释情况，稳定局面。

看完录像之后，调查人员让观看录像的人回答一系列问题。最后一个问题是在停车场玩耍的少年所穿的运动服背后的号码是多少。能够正确回忆出号码的人的比例，在非凶残条件下是28%，而与此相对，在凶残条件下仅为4%。由此我们可以知道强烈的感情反应也会阻碍记忆。

在这里应该注意的是，在目击证人证词研究中提到了凶器关注这一问题。即由于一旦出现凶器，目击证人的注意力就会被吸引到凶器上，从而忽视其他刺激，如犯人的长相、动作等，因此导致作证能力下降。

为了对此进行证明，我们使用模拟抢劫事件的录像进行了各种各样的实验。其中有一个是这样的，该实验对让一组被测试者观看抢劫犯在超市的收银机旁用枪指着店员的场景，让另

关于事件详细内容的再现比率

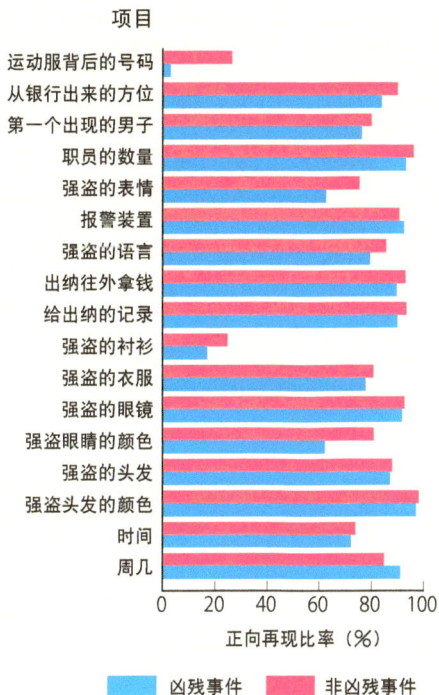

项目

- 运动服背后的号码
- 从银行出来的方位
- 第一个出现的男子
- 职员的数量
- 强盗的表情
- 报警装置
- 强盗的语言
- 出纳往外拿钱
- 给出纳的记录
- 强盗的衬衫
- 强盗的衣服
- 强盗的眼镜
- 强盗眼睛的颜色
- 强盗的头发
- 强盗头发的颜色
- 时间
- 周几

正向再现比率（%）

凶残事件　非凶残事件

（洛夫特斯 and Burns，1982；严岛，2003）

一组被测试者观看店员将支票给抢劫犯的场景录像，并进行比较。通过对注视的时间和次数进行比较后我们发现，对手枪的注视次数为3.8次，时间为242毫秒。对支票的注视次数为2.4次，时间为200毫秒。无论是注视的次数还是时间，手枪都超过了支票。这是必然的，问题在后面。在对犯人识别率进行比较时我们发现，在手枪条件下的识别率为15%，在支票条件下的识别率为35%，也就是支票条件下的成绩要好得多。由于在手枪条件下，目击证人的注意力都被手枪所吸引，因而没有仔细观察、记忆犯人的特征。

另外，还有面貌识别（让目击证人看实际的人物来识别犯人）的实验。实验时同样使用模拟抢劫事件的录像，让其中一半的被测试者观看强盗挥舞手枪的影像，让剩下的被测试者观看强盗将手枪藏在衬衣里的影像。之后，让他们看实际的人物来识别犯人时，看到将手枪藏起来的被测试者的正确判断率为46%，而看到挥舞手枪的被测试者的正确判断率仅为26%。

除此之外，调查人员还进行了很多实验，所有的实验结果都使一点得到证实，那就是目击证人在能看见凶器的条件下，对犯人的识别能力会下降。这一结果中，除凶器所唤起的强烈感情因素之外，还因为目击证人的注意力被凶器所吸引，从而忽视了对犯人的注意。

唤起强烈否定感情的事情很难被记住

准备了凶残事件的录像和非凶残事件的录像

凶残事件的录像所播放的内容是一名女子在走路时，被男子以暴力的形式抢走了手提包

非凶残事件的录像所播放的内容是一名女子在走路时，有男子向她问路

两种条件下都分别准备了男子为1个人、3个人、5个人的三种录像

在让被测试者看完其中一个录像之后，向他们询问在录像中所看见的男子的年龄、身高及其他特征，或是让他们看照片，从中识别出哪张照片是录像上的人物

从结果我们可以看出，如下面的坐标图所示，与非凶残条件相比，在凶残条件下，被测试者无论是对男子特征的记忆，还是对照片的识别都是不正确的。同时我们还知道，男子的人数越多，记忆就越不正确

犯人人数不同时，在凶残、非凶残条件下对于犯人特征识别的正确程度

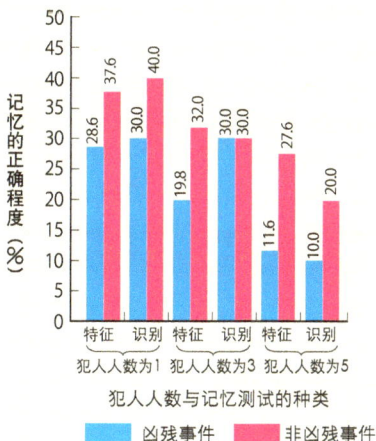

犯人人数与记忆测试的种类

■ 凶残事件　　■ 非凶残事件

(Clifford and Hollin, 1981; 严岛, 2003)

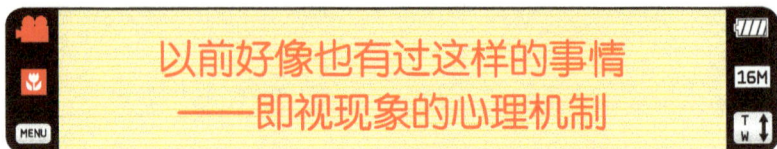

"以前好像也有过这样的事情。"很多人都偶尔会体会到这种感觉，这是被称为**即视现象**（Dé jà vu）的心理现象。

1896年法国医生Amaud在学会上提及了即使被置于初次经历的情况之下，也会频繁地发生感觉该状况曾经经历过的、可以说是病理症状的病例，并提出了即视现象这一术语。

虽然使用即视现象这一专业术语，且第一次从科学的角度提及这种心理现象的人是Amaud，但在他之前，狄更斯的小说《大卫·科波菲尔》已经对相当于即视现象的奇怪感觉进行了描述。

容易产生即视现象的人与没有产生过即视现象的人区别在哪里，在怎样的情况下更容易产生即视现象……对此我们也进行了调查研究。结果显示，容易产生即视现象的人一般具有强烈的感受性、剧烈的情绪变化、紊乱的工作节奏三个特性。另外，即视现象多出现在傍晚或晚上，在和别人在一起自己没有说话时，身体疲劳、注意力不集中时尤其容易出现。

即视现象是吸引很多人注意的奇怪现象之一，关于其产生的原因，有各种各样的说法。例如，有的说法认为即视现象是与前世的接触点，即个人的记忆中也包含对于前世的记忆，现在的经历中出现与前世相同的经历时，其共鸣会导致好像过去被再现出来了的感觉产生。另外，还有的说法认为我们的一生以相同方式的不断重复，即视现象告诉我们现在的生活是自己以前生活的反复。但这些说法都缺乏科学的说服力。

这种时候、这些人容易出现即视现象

容易出现即视现象的人

感受性强烈的人

工作节奏紊乱的人

情绪变化剧烈的人

太快了！

我已经玩腻啦！

容易出现即视现象的情况

傍晚或是晚上

和别人在一起自己没有说话时

身体疲劳注意力不集中时

有的说法将即视现象与记忆联系在一起。弗洛伊德在解释做梦的机制时曾经说过做梦是白天所经历事情的残留，即记忆的片段会出现在梦里。同样，这种说法认为，即视现象是与现在所经历事情的一部分相类似的过去经历的记忆片段被想起而感觉到的。这一说法非常有说服力。但是，当时关于即视现象的心理机制尚未有定论。

刚刚所提到的Amaud并没有将即视现象看成是记忆的问题，而认为它是错误判断的一种。也就是说，他认为即视现象是指将现在的经历误以为是过去经历的现象。

在Amaud研究一百年之后的1993年，加拿大心理学家惠特尔西进行了证明Amaud看法的实验。在该实验中，让被测试者记忆一系列的单词之后，相继提供给他们各种各样的文章，为了强调，惠特尔西将文章最后一个单词用大写字母来表示，然后让被测试者回答这些用大写字母表示的单词是否是之前所记过的单词。有像"在波涛汹涌的大海上摇曳的小船"这样最后一个单词可以通过上下文联想出来的句子，也有像"她存钱买了一个油灯"这样无法通过上下文联想出来的句子。其结果显示，即使前文中没有提到，也很容易将通过上下文易于联想到的单词误以为是之前见过的单词。另外，关于判断是否见过这个单词所需要的时间，也是通过上下文易于联想到的单词花费得较少。该实验告诉我们，可以从上下文联想出来的单词，不管这种联想有多容易，人们都会受到曾经有过的记忆或感觉的暗示，从而将这种暗示误认为是联想。

易于联想的内容更容易被误认为是以前曾经见过的内容

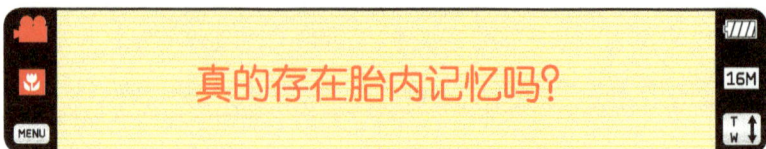

　　虽然胎儿能听见声音的事实是最近几年刚刚得到证明的，但一直以来人类都在无意识之中以此为前提采取行动。其中的一个例子就是在抱婴儿时都抱在左胸的位置。

　　根据某项观察调查显示，使用右手的母亲有83%、使用左手的母亲有78%将小孩抱在左边。为什么要抱在左边呢？这是因为听见心脏的跳动，婴儿就可以安静下来。这是为什么呢？

　　在这里，我们可以想象到，是不是因为婴儿在母体内时一直不间断地听着母亲心脏的跳动呢？正是因为这是自己已经听惯了的刺激，所以婴儿一听到这个声音就可以安静下来。

　　让婴儿听心脏的跳动确实会产生好的影响这一点已经得到实验的证明。这个实验的做法是在一个新生婴儿房里播放录有心脏跳动声音的磁带，而在另一个新生婴儿房里什么都不播放。对两个房间的新生婴儿进行比较后我们发现，听见心脏跳动声音的婴儿食欲较为旺盛、睡得很好、体重也有所增加、不容易生病、哭得也很少。由此我们了解到，让新生婴儿听心脏跳动的声音可以对婴儿产生好的影响。

　　听惯了的声音能成为惬意刺激这一点在使用老鼠进行的实验中也得到了确认。这个实验是让一群老鼠连续听52天、每天12小时的莫扎特乐曲，让另一群老鼠连续听52天、每天12小时的勋伯格乐曲。之后休息15天，什么都不让它们听，然后进行为期60天的偏好测试。偏好测试是这样的，将老鼠放入装有特定装置的房间，按下房间一侧可以让地板倾斜的按钮，就会播放莫扎特的乐曲，按下另一侧可以让地板向相反方向倾斜的按

婴儿记住了在母体内听到的母亲心脏跳动的声音

在新生婴儿房里播放录有心脏跳动声音的磁带，对婴儿的成长产生了较好的影响。

这是因为婴儿在母体内不间断地听着母亲心脏跳动的声音，已经听习惯了。

所以把婴儿抱在左胸（让他们听到心脏跳动的声音）可以让他们安静下来。

钮，就会播放勋伯格的乐曲，然后对老鼠会更多地生活在哪一侧进行测定。结果显示，老鼠会更多地生活在播放自己之前所听过乐曲的一侧。这是因为老鼠对音乐产生了兴趣。

明明没有听过的音乐，但有些音乐家仅仅听了最精彩的部分，之后的旋律就会很自然地浮现在他们的脑海里。为什么会这样呢？这些人和家里人说起这件事后发现，原来这是母亲在怀孕时经常弹奏的乐曲。拥有这样奇闻轶事的音乐家不在少数。我们的脑海里会萦绕着熟悉的旋律，而且不知从何时开始我们已经把它认定为是自己独有兴趣的音乐，其实这些音乐可能只不过是自己在母体内曾经听过的音乐而已。正如刚刚所提到的心脏跳动实验中所显示的那样，在母体内反复听过的旋律被大脑记住并留存在记忆中是完全有可能的。

如果胎儿能听见声音并将其留存在记忆中确有其事的话，那么所谓的胎教可能就不仅仅是一种安慰。所以利用声音进行正确的胎教，其效果应该还是值得期待的。

对于一直听莫扎特乐曲的老鼠来说，莫扎特的乐曲成为能使其心情愉悦的刺激。对于一直听勋伯格乐曲老鼠来说，勋伯格的乐曲成为能使其心情愉悦的刺激。这种现象我们称之为曝光效应。我们对于音乐的兴趣可能也是基于这种对于过去经历的记忆而产生的。

遗忘的机制
——人为什么会遗忘？

有些人认为遗忘是坏事，这是不正确的。记忆实际上是通过遗忘来进行整理的。第3章将从遗忘的机制开始，对如果不能遗忘将会怎样、是否可以刻意地遗忘等进行说明。

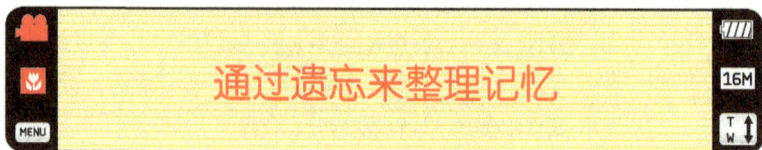

通过遗忘来整理记忆

如何才能提高自己的记忆能力，这是很多人都关心的问题。上学的时候谁都有过在学习、考试中受挫，感慨自己如果记忆力能够再好一点该有多好的经历。进入社会之后的工作能力也是一样，记忆力越好则越有利。于是，能够抓住要点进行记忆的技巧受到世人的高度赞赏，掌握能够简单地记住任何内容的技巧，则被认为是很了不起的。

其实通过遗忘记忆才得以被整理。记忆的目的是为了能够将其有效运用于日常生活中。所以不仅仅要记住，还必须根据需要充分运用所记住的内容。

将心理学体系化的第一人詹姆斯认为**遗忘**与记忆具有同样重要的功能。如果我们记住所有事情的话，那么将会和什么都没有记住一样不方便。因为如果记住了所有的内容，要想回忆起某一时间所发生的事情，需要花费的时间与该事情发生全过程所花费的时间相同。而忘记、省略很多事情的细节，则可以有重点地回忆出我们所需要的内容。

我在美国开车去购物的时候，经常会出现这样的情况：在一个大商场买完东西正准备回到车里时，却发现自己忘记了停车的位置，于是只能在巨大的停车场里徘徊。想着"应该就是停在那个拐角了"，于是充满自信地走过去一看，却发现停在那儿的并不是我的车。我这才想起来"这个位置是以前停车的位置"。我于是再次凭记忆走到某家店铺的门前，可还是找不到自己的车。这时我不得不想"可能这个位置也是以前停过的位置"，因为脑海里确实有某个时候在这里停车的记忆。至少

遗忘承担的重要功能

——记住所有的事情与什么都没有记住一样

《心理学原理》著于心理学的初创期，之后成为心理学标准教材。其作者威廉·詹姆斯就遗忘的重要功能做了如下描述。

> "在实际使用我们智力的过程中，遗忘与记忆具有同样重要的功能。'对事件整体的回忆'（笔者注：不省略细节，将事件原封不动地进行复原回忆）是比较稀少的。如果我们记住所有事情的话，在很多情况下，会和什么都没有记住一样不方便。要想想起某一时间所发生的事情，需要花费的时间则与该事情发生时所花费的时间相同。如果是这样的话，我们就无法进行思考。于是基于里博所提出的透视法，对所有内容进行记忆所花费的时间就会出现纵向的短缩。这种透视性的描绘是基于对其中大量事实的省略。里博认为：'我们得到了一个相反的结论，那就是进行记忆的条件之一是遗忘。如果不完全忘记庞大数量的意识状态，或是不忘记每个瞬间发生的大量内容，我们就无法进行记忆。因此除某些场合之外，遗忘并不代表记忆的疲惫，而是健康和生存的一个条件。'"

在回忆持续一周的愉快的旅行时，我们会想起印象特别深刻的场景或事情，而会忘记那些具体的细节或没有什么印象的事情。实际上，像这样忘记那些不重要的内容具有重大的意义。

如果回忆一周的旅行需要花费一周时间的话，回忆这项工作则无法进行。而只保留具有特殊意义的事情，忘记其他的事情，则可以形成鲜明的记忆。

因此，记住所有的事情与什么都没有记住一样。

在目前，我并不需要以前车停在什么位置的记忆，只要有今天停车位置的记忆就足够了。然而，由于以前停车位置的记忆堆积在一起，因此才发生了记不清的事情。

世界上既有感叹自己记忆力差的人，也有感叹自己无法忘记想忘记事情的人。"有些事情一旦想起情绪就会非常低落，虽然不愿想起却总是萦绕在脑海里不断地被想起"就是来源于此。如果总是想起令人讨厌的事情，情绪就无法得到休息，从而导致疲劳，这时就需要进行心情的转换。

我们要做的不仅仅是单纯地扩大记忆的容量，还要在回忆时对所回忆的内容进行取舍选择。比如说，仅回忆那些需要的内容，对不需要的内容不进行回忆。另外，对所记忆内容之间的关系进行整理以便充分有效地使用记忆也是非常重要的。因为即使我们记忆了各种各样的内容，如果总是使它们处于混乱状态，则无法有效使用。

关于增大记忆容量、整理记忆的方法我将在下一章进行详细的讲解，本章将就为什么会遗忘、怎样才能遗忘，即遗忘的机制进行解释。

对经常去的地方，记忆很容易变得不明确

99

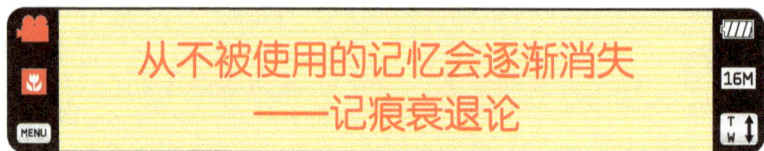

从不被使用的记忆会逐渐消失
——记痕衰退论

随着时间的发展，记忆会越来越模糊，这是日常生活中谁都经历过的事情。

记忆痕迹有时会通过反复回忆得到维持，如果不进行回忆，经过一段时间之后，记忆痕迹就会自然消失，这就是记痕衰退论。

随着时间的发展，遗忘究竟是如何发生和发展的呢？通过实验对此进行探讨，并将遗忘的过程以遗忘曲线的形式描绘出来的是艾宾浩斯。通过之后的研究我们发现，遗忘曲线会根据所记忆内容的不同出现多多少少的差异。

例如，以17~74岁的人群为对象，就其对于高中时代同期同学长相的记忆进行探讨后我们发现，截至毕业后35年，辨认测试的正确率并没有下降，也就是遗忘并没有继续。而在以大学老师为对象，就其对学生的长相及姓名（其中以毕业后11天到毕业后8年的学生为对象）的记忆进行调查时我们发现，辨认测试的正确率会随着时间的行进而降低。与姓名相比，对长相的辨认结果更不尽如人意。

这些结果显示，像艾宾浩斯这样通过实验进行研究所发现的法则并不完全适用于日常生活。通过上述实验我们能够想到的是，高中时代的同期同学人员固定，而老师所教的学生每年都会变化，人员不定。不仅如此，和上课时偶尔坐到一个班的同学相比，我们对于与自己一起度过青春时代的高中同班同学的印象一定会有所不同。由于日常记忆中，各种各样的因素都会发生作用，所以很难用单纯的遗忘曲线来解释。

艾宾浩斯的遗忘曲线

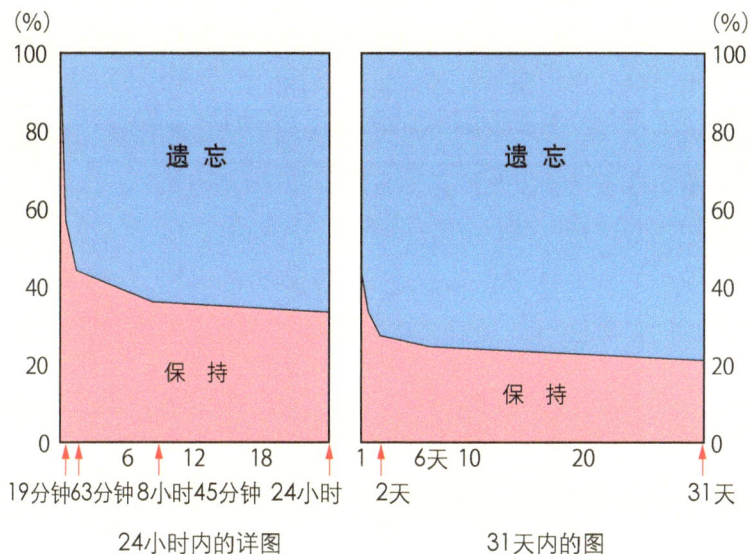

24小时内的详图　　　　31天内的图

（艾宾浩斯，1885；末永，1996）

　　让被测试者记忆由任意三个字母所组成的一系列无意义的音节，过一段时间之后让他们再次学习这些音节时，对与最初学习时相比，反复的次数及时间的减少程度进行测试。这是艾宾浩斯右图所进行实验。

　　时间减少比率如上图表所示（右图为遗忘曲线，再次学习发生在19分钟后、63分钟后、8小时45分钟后、1天后、2天后、6天后、31天后）。从该图中我们可以看出，刚刚学习完之后会出现急剧的遗忘现象，但在几个小时之内会趋于稳定。之后，不管是6天之后还是31天之后，遗忘的趋势都趋于缓和，几乎不再继续遗忘。

对日常记忆的保持与遗忘，以不屈不挠的精神进行持续性实验的是林顿。林顿勤勤恳恳，坚持六年，对于每天所发生的事情至少记录其中两件。这期间他所记录的事情达到5500项之多。不仅如此，每个月他还要进行一次记忆检查。在检查中，他每个月从众多记录卡片中随机抽取150张，对卡片上所记录的事件进行回忆，同时，他还把所发生的事情按顺序进行排序，并推断每件事情所发生的具体日期。

在不断进行这样的记录和检查的过程中，林顿从第四年开始注意那些即使读了也不知道是怎么回事的内容。因为刚开始回忆的时候并没有出现过这样的情况。而据此现象，他认为即使是以前曾经读过的、对于所记录的内容已留下深刻印象的卡片，随着时间的发展也会出现想不起来的情况，从而使该卡片失去意义。

于是，林顿根据该实验描绘出新的遗忘曲线，该曲线与艾宾浩斯所描绘的一开始时所保持的内容急剧丢失、之后几乎保持同一水平的、呈下降趋势的遗忘曲线完全不同。如右图所示，在他的遗忘曲线中，第一年的遗忘率低于1％，从第二年开始每年以5％～6％的稳定比率遗忘。虽然遗忘率很低，但从长远来看，即使是每天发生的、深刻留在我们印象中的事情，其痕迹也会随着时间的行进而逐渐消失。

六年后所遗忘项目的比率

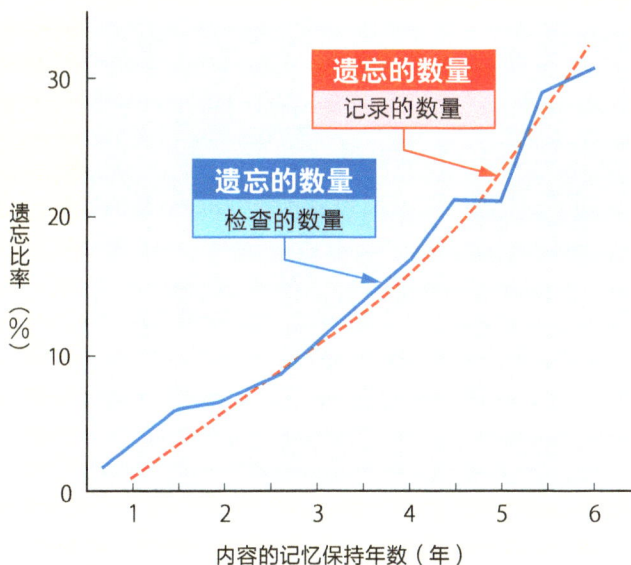

遗忘的数量
记录的数量

遗忘的数量
检查的数量

遗忘比率（%）

内容的记忆保持年数（年）

（林顿，1982）

　　六年间，林顿坚持每天对当天所发生的事情进行记录，并于每月进行记忆检查。根据该实验，我们很明显地发现，对于实际生活中所发生事情的记忆与实验中经常进行的机械性单词记忆不同，前者可以保持相当长的时间。

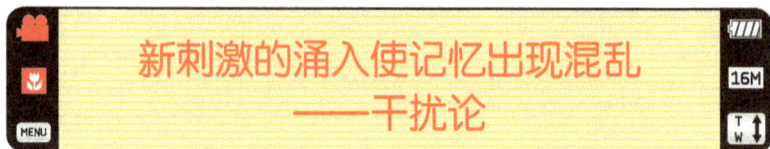

有时会出现这样的情况，好不容易记住了，却在做其他事情的过程中又忘记了。或者是新记住的内容干扰了以前的记忆，使以前所记忆的内容变得模糊。

被新输入的信息所干扰，使得以前的记忆内容出现混乱或被遗忘的理论我们称之为**干扰论**。

由于记住了新的内容导致以前的记忆出现混乱，这是在对相似的内容进行记忆时经常会出现的干扰情况。比如说，记忆德语单词时，会使以前从未拼错过的英语单词出现拼错的现象。虽然混淆日语单词与英语单词不太可能，但是将在某些地方非常相似的英语和德语混在一起，一不小心弄错的情况十分有可能。

新信息输入的干扰在程序记忆中很容易产生。所谓的**程序记忆**是指对运动、工作技巧等的记忆。我上小学的时候打过棒球，经常会进行投球的训练。然而，上了中学开始练习网球发球后，发生过棒球的投球姿势错误的情况。由于网球的发球动作与棒球的投球动作有类似的部分，当网球发球时手腕的动作作为程序记忆刻在了脑海里后，棒球投球时手腕转动方式的程序记忆就出现了微妙的混乱。

记忆新的类似信息时很容易出现混淆

新的信息

旧的信息

旧的信息

干扰

干扰论

英语和德语的拼写是相似的！！

嗯？音乐是 music？还是 musik？

星期天
英语：sunday
德语：sonntag

音乐
英语：music
德语：musik

啥？

干扰

相似的信息

混乱

在考试前一天记住考试所需要的内容之后应该立刻睡觉的说法也是以干扰论为依据的。

我上高中的时候，看到与学习有关的杂志曾经介绍过睡眠学习的方法。就是将需要记忆的内容录在录音机里（当时还是录音机的时代），按下播放按钮后睡觉，在睡觉的过程中进行记忆。我听信了这种说法，将自己所不擅长科目的笔记全部录了下来，按下播放按钮后睡觉，结果在第二天的考试中吃了大亏。因为睡觉的时候什么都没记住。

学了心理学之后我明白了这是对睡眠效果的误解。在识记→保持→再现这一记忆的基本过程中，通过睡眠可以得到促进的不是识记而是保持。由于睡觉的时候，既不和别人说话，也不看电视，不会流入多余的信息，所以不会产生干扰，记忆易于得到保持。但是在睡觉过程中是不可能进行记忆的。我当时对此产生了误解。

由于在睡眠过程中不会出现干扰，所以记忆易于得到保持，这一点也得到了实验的证明。

詹金斯和达连巴科让被测试者记忆无意义的音节之后，将他们分成睡觉和进行某种活动两个组，然后每过几个小时对他们进行一次记忆测试。其结果显示，睡觉小组成员的成绩明显较好。

在清醒状态下，各种各样的刺激会不断涌入。这样的新刺激会对以前所学习、记忆内容的保持产生阻碍。

睡眠状态下与清醒状态下的比较

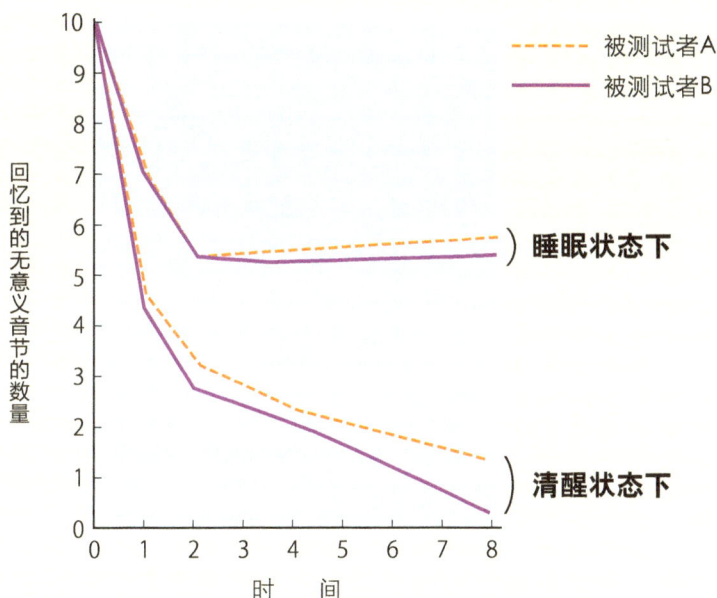

（詹金斯和达连巴科，1924）

　　即使是让同一个人对无意义的音节进行记忆，在睡眠和清醒状态两种不同条件下进行某种活动时，得到的结果也同样是在睡眠状态下的成绩较好。由此我们得到的启示是，处于清醒状态时，新的刺激会不断涌入产生干扰，从而对已经记住内容的保持产生阻碍。

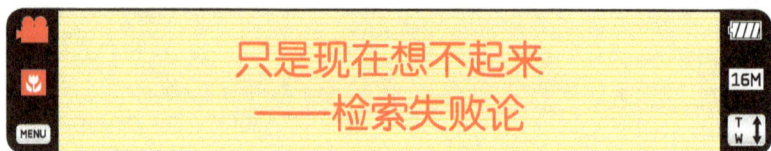

"一时想不起来"是大家经常有的经历。所以我们常会觉得"就在嘴边，可是怎么也想不起来"。已经到了嘴边的词却一下卡在那儿，怎么努力都无法脱口而出，但我们确实是记得这个词的。而且一段时间过后，当我们不需要的时候又会突然想起这个词来。大家应该都有过这样的经历。但当时，就是怎么都想不起来。

这样的心理现象给我们的启示是，遗忘并不一定就意味着记忆痕迹的消失。

遗忘并不意味着所记忆的内容从长时记忆中消失，而是指不能顺利地进行检索。这就是检索失败论。

"好像这本书的什么地方写着，究竟在哪儿呢？"你一边说着一边翻书寻找，可就是找不着，这样的事情也时有发生。这时如果书有索引，就会非常方便。

在本节一开始所提到的"一时想不起来"等可以说是检索失败的典型。虽然确实应该是记得的，可是怎么都想不起来，但过了这阵之后，又会在某一瞬间突然想起来。出现这样的情况恰恰可以证明回忆不起来的时候并不是该内容消失了，而是被保存在了某个地方。

一时想不起来属于检索失败

虽然没有消失，却会出现想不起来的情况

不愿回忆令人痛苦的事情
——压抑理论

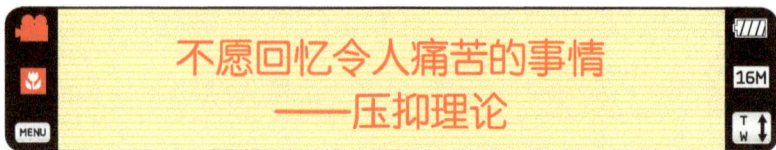

我们总是不愿去回忆那些令人痛苦的事情。在我成长的过程中，听过各种人的人生经历。例如，小学时期处于黑暗状态的人，他们中的很多人对于小学生活几乎都没有记忆。但与此相比，他们对于更早时候的婴幼儿时期的记忆却非常清晰。

一旦回想起来就会产生恐惧或不安、不愉快的事情会受意识的排斥而不出现在意识里，弗洛伊德称这样的心理机制为**压抑**。他认为这是一种自我防御机制，即自我保护的心理机制。

被压抑的内容并不会老老实实地隐藏起来，它总是会找机会想方设法地出现在当事人意识的世界里。它会以做梦、白日梦的形式出现，也会以说错、一时想不起来等错误的形为出现。

能证明该说法的证据在临床事例中非常多见。俗称多重人格的分离性身份识别障碍也是其中一种，我们可以将其看成是在回忆时通过抑制过于痛苦的经历而产生的、记忆痛苦经历的人格与记忆非痛苦经历的人格相分离的状态。

弗洛伊德所列举的错误行为，即所谓在不经意中发生错误的事例，可以说是通过压抑有意识进行忘记的内容出现在不经意行为中的日常生活中的实例。接下来就让我们来看几个弗洛伊德所列举的错误行为的事例。

某位男士知道自己曾经表白过的女性与自己的朋友结婚了之后，出现了一时想不起来这位朋友名字的情况。由于朋友是工作上有业务往来的，所以连对方的名字都忘记是一件很不自然的事情，但这位男士在给这个朋友邮寄物品时，就是怎么也想不起来他的名字，结果只能向周围的人询问。

压抑理论

从该事例我们可以推测，这位男士因自己表白的女性与朋友结婚而联想到自己当时被拒绝的痛苦，所以朋友的名字被记忆所压抑了。

　　另外一位男士，在夫妻关系相对冷淡的时期，外出散步回来的妻子给了他一本书。这本书是妻子在散步的时候发现的，她觉得丈夫应该会感兴趣，于是就买了回来。当时，这位男士无意识地将书放在了某个地方，可是现在却想不起来放在了什么地方。但由于是妻子特意买给他的书，不看的话会他觉得不太好。所以他时不时会找找这本书，可是就是找不到。后来，这位男士的母亲病了，在妻子的精心照顾下，母亲的病情逐渐好转，男士非常感激自己的妻子。这时候，他无意中打开抽屉，却找到了妻子买给他的书。

　　这个事例可以说是记忆的排斥行为。从意识上来说，他认为这是妻子特意买给自己的书，如果不看的话不太好，于是他开始回忆这本书的所在，然而他的潜意识中却存在着"如此讨厌的家伙给买的书谁会去看啊！想要强迫我看，我才不看呢！"的排斥心理，于是对于书所放位置的记忆会被压抑以至于无法回忆出来。然而，当他对妻子的反感消失了之后，排斥被解除，于是他就想起了书所放的位置。

压抑的现象

16M

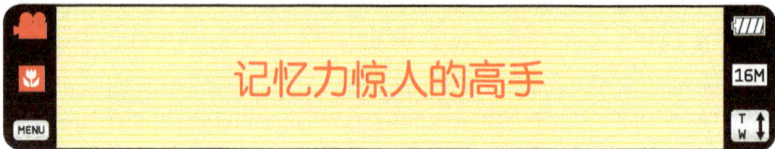

　　我们经常会听说一些擅长记忆的人，其中不乏记忆力达到难以置信程度的人。

　　苏联心理学家鲁利亚报告过记忆力惊人的S先生的事例。当时鲁利亚还是一个年轻的心理学学生，有一天一位男士来到了他的实验室，希望鲁利亚可以帮他研究一下自己的记忆力。这个人就是S先生。

　　S先生是某报社的记者。报社的编辑每天早晨都会对下属记者提出工作要求，通知他们要去采访的地点和人物，并对采访的内容作出指示。对于一般人来说，不管是地点还是应该采访的内容，如果不做记录，则很难全部记住，所以大家都在听指示的同时拼命地做着记录。然而，S先生却完全不做。

　　编辑为了提醒这位态度怠慢的记者注意，让S先生说出自己所指示的内容。然而让人惊讶的是，S先生正确地记住了编辑所说的全部内容。于是在对S先生超乎常人的记忆力感到奇怪的编辑的建议下，S先生来到了鲁利亚的实验室。

　　在实验室里，鲁利亚对他进行了一系列数字、文字的记忆测试。具体做法是让S先生看或是给他读出如右表所示的一系列数字或是文字之后，让他按顺序回答出自己所记住的数字或是文字。测试之后发现这样的问题对于S先生来说极其简单。

鲁利亚的记忆测试表

第1个表(鲁利亚,1968)

6	6	8	0
5	4	3	2
1	6	8	4
7	9	3	5
4	2	3	7
3	8	9	1
1	0	0	2
3	4	5	1
2	7	6	8
1	9	2	6
2	9	6	7
5	5	2	0
X	0	1	X

第2个表 (鲁利亚,1968)

ж	ч	ш	т	и	п	р
к	н	о	с	м	k	щ
л	т	о	а	л	х	т
м	т	ж	с	k	p	ч

然后增加至20～25行

　　即使是让S先生看如上表所示的、将数字和文字无规律地排列在一起的表格,他也能够毫不费力地全部记下来。另外无论怎么增加数字和文字的数量,S先生都可以全部记下来。鲁利亚对此感到非常吃惊。

无论是将数字、文字的数量增加至30个还是50个，甚至是70个，S先生都可以完全正确地复述出曾经看过、听过的数字或文字。

另外，S先生不仅能够完全正确地记忆，即使要求他按照相反的顺序来背诵看过、听过的内容，他也能够完全正确地完成。例如，从上页表格左上方的数字、文字开始按顺序读给他听之后，让他从最后听到的数字、文字，也就是从表格右下方的数字、文字开始按照相反的顺序回忆，他也能够毫不费力地完成。

对于S先生的惊人记忆力充满强烈好奇心的鲁利亚，在之后的30年里，一直对S先生的记忆力进行着不间断的实验。不管是几个星期之前记忆的内容，还是几个月之前记忆的内容，甚至是一年或是几年前记忆的内容，S先生都可以正确地回忆出来。最后，对于这一系列的实验结果倍感惊叹的鲁利亚给出了这样一个结论：对于S先生保持记痕的能力，我们还未找到明显的极限范围。

但是，在完成这些记忆实验的同时，出现了让S先生烦恼的问题。那就是如何才能消除那些他已经不需要的记忆。因为比如说，在记住了一系列文字列表之后，他再想去记忆别的文字列表时，之前所记忆的文字列表就会浮现出来，给他带来困扰。

有些人的记痕保持能力是没有极限的

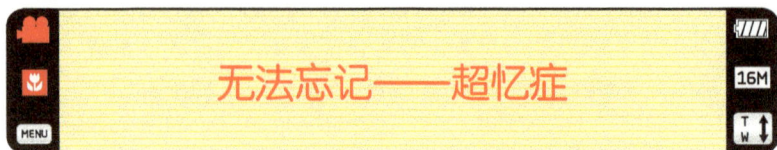

吉尔·普莱斯是被认为患有**超忆症**的第一人。

据说从8岁左右开始，她能清楚地记住每天所发生的事情，而从14岁左右开始，所发生事情的细节她几乎都记得一清二楚。

能够正确地记住日常所发生的事情，谁都会觉得很了不起，然而她却切实地体会到了被记忆折磨的感觉。据说最让她困扰的是，由于每一个所能回忆到的场景都非常清晰，有令人高兴的事情也有让人悲伤的事情，有好的事情也有不好的事情，她不仅能回忆出事实的全部，连当时的情绪也能够回忆出来。所以她无法静下心来安定地生活。

为自己记忆的特殊性而烦恼的吉尔·普莱斯为了寻求帮助，给作为记忆研究人员非常有名的麦高发了一封邮件。麦高很快就给她回了信，于是普莱斯来到了麦高的研究室，开始接受实验。

在实验室里，普莱斯拿到了一张写有几个日期的纸，并被要求回答出这几天所发生的事情。如右表所示，她正确地完成了对该问题的回答。1977年8月16日，这一天是星期二，是艾维斯·普里斯莱去世的日子。1994年1月17日，这一天是星期一，是洛杉矶北岭地震发生的日子……如此这般，普莱斯立刻就能做出回答。

提供日期，让她回答出所发生的事情

日期	事件
1977年8月16日	星期二 艾维斯·普里斯莱去世
1978年6月6日	星期二 加利福尼亚州通过"第13号提案（房地产税）"
1979年5月25日	星期五 飞机在芝加哥坠落
1979年11月4日	星期日 伊朗人袭击美国大使馆
1980年5月18日	星期日 圣赫勒拿火山喷发
1983年10月23日	星期三 贝鲁特爆炸事件，死亡300人
1994年1月17日	星期一 发生北岭地震（洛杉矶）
1988年12月21日	星期三 在洛克比村（苏格兰）飞机被击落
1991年5月3日	星期五 《达拉斯》最后一集
2001年5月4日	星期五 罗伯特·布莱克（电影演员）的妻子被杀害

（吉尔·普莱斯，2008）

接下来，吉尔·普莱斯拿到了一张写有几件事情的纸，并被要求回答出这些事情所发生的时间。如右表所示，她也正确地完成了对该问题的回答。罗德尼·金被殴打事件是在1991年3月3日星期日发生的。黛安娜王妃车祸死亡发生在1997年8月30日星期六或31日星期日，因法国当地时间和美国时间的不同而产生了1天的偏差。像这样，普莱斯同样是立刻就做出了回答。

仅这些就已经是不可思议的了。吉尔·普莱斯在回答完日期之后，还说"我还能说出这些日子我自己都做了些什么"。她在纸上所写的内容如右表所示。虽然因考虑到隐私隐藏了一部分内容，但可以说她的记忆力是令人惊叹的。

拥有如此惊人的记忆力被认为是一种症状，有必要对其命名研究，于是将其命名为超忆症。吉尔·普莱斯是第一个病例，2006年发表了关于她的病例的研究论文。

究竟是怎样一种机制导致了这种惊人记忆力的产生，目前还没有明确的答案。但是，与鲁利亚所报告的S先生的事例一样，可以说这与遗忘功能有很大的关系。

和谁吵架时，由于无论是关于谁还是关于什么，吉尔·普莱斯都记得非常详细，所以每次对记忆进行回顾时，她的感情都会受到冲击，从而产生困扰。比如，和别人吵架时，如果是普通人很快就会忘记吵架的细节，而她却无法忘记，导致与吵架对象之间永远有隔阂。这可能是因为她的记忆排斥机制没有发挥作用。所以说，为了过上舒适的生活，遗忘也是一种必不可少的能力。

针对事情，普莱斯所回答出的日期及当天自己的行为

事情	日期
①圣地亚哥飞机事故	1978年9月25日，星期一

祖母的生日，我刚上初二。发生那场飞机事故的航班属于PSA航空公司，事故发生在圣地亚哥上空。我所加入寺院（犹太教寺院）的一名成员乘坐了这个航班。

②谁袭击了MGM	1980年11月21日，星期五

我上高一。在学校观看了足球比赛，然后去了卡伦家，看了电视剧《达拉斯》。这一天，拉斯维加斯的MGM酒店因火灾被烧毁。

③中东战争爆发	1991年1月16日，星期三

在有限电视新闻网节目中国防部长卡斯珀·温伯格出场。他说，美国已经处于战争状态。我从窗户往外望，感觉很奇怪，为什么已经进入了战争状态，人们的生活还是和以前一样呢？1986年1月28日，星期二，"挑战者"号航天飞机爆炸时，我也觉得很奇怪。

④在亚特兰大发生爆炸事件	1996年7月26日，星期五

我和朋友安迪一起去了叫做Daily Grill的店里吃晚饭。吧台的电视机前人山人海。走近一看，我看见了令人难以置信的亚特兰大爆炸事件。

（吉尔·普莱斯，2008）

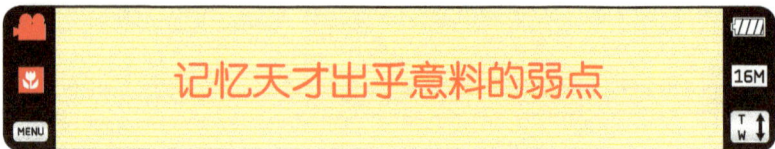

这些记忆天才的故事让我想到的是，遗忘也具有一定的积极意义。但提高自己的记忆力是很多人的愿望，记忆的技巧在任何时代都受到推崇。

然而，就像超忆症患者吉尔·普莱斯一样，她总是会为回顾过去时伴随着的喜怒哀乐而烦恼，由此我们可以看出，遗忘有可以保证我们心理生活安定的作用。

另外，记忆天才们很容易出现记忆过于具体的问题，他们通常不会对看到的细节进行抽象加工，即所谓的"只见树木不见森林"。

从极端角度对此进行描写的是作家博尔赫斯的《博闻强记的富内斯》。对于什么都能记住的记忆，富内斯略带自嘲地将其形容成一个"垃圾倾倒场"。因为即使是相同的树和树叶，什么时候看见的树，什么时候看见的树叶，他都可以清楚地记住。像这样，由于出现了太多具体的记忆，导致他很难理解树、树叶等概念。狗有多种，但狗这个概念只有一个，但对于富内斯来说理解这个概念也是很难的。因为虽然是相同的狗，但从前面观察时和从侧面观察时其形象完全不一样，这一点毋庸置疑，但是富内斯却很难将其综合在一起作为一条完整的狗来进行理解。

所以说，如果过于拘泥具体细节的记忆，会导致无法舍弃并不重要的信息，从而不会进行概括以及以概括为基础的抽象。因此遗忘细节也是有意义的。

通过遗忘细节形成概念

明明是同一条狗

不是吧，看起来长得一点儿都不一样。

各种各样的狗

明明完全不一样，怎么能说它们都是狗呢……

太过于注意细节的区别

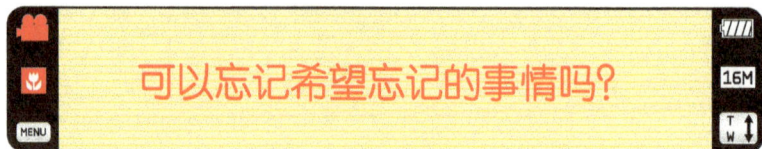

我们会因记不住需要记住的事情而困扰，同样对于那些已经不需要记住的事情，如果一直无法忘记，记忆效率也会变差。就如同在杂乱的房间里找东西一样，要想找出我们所需要的记忆是非常费工夫的。

还有一些记忆是我们主动希望忘记的。比如，在学校遇到了不愉快的事情，只要一去学校就会想起，所以很容易导致不愿意上学。在这种情况下，如果可以忘记这些不愉快的事情，心情就会舒畅。即使无法忘记，只要不将"学校"和"不愉快的事情"联系在一起，也不会影响正常的上学。

那么，我们究竟是否可以刻意地忘记我们想忘记的事情呢？为此我们进行了以下实验。

首先让被测试者看某个单词的列表并让他们进行记忆。记完之后，告诉A组被测试者，该列表是错误的，请他们忘记，然后让他们对其他列表进行记忆。而对于B组被测试者，不让他们忘记之前记忆的列表，同时让他们继续记忆另一个列表。最后，对两组成员进行记忆测试。

测试结果告诉我们，对于第一个列表，与B组成员相比，A组成员基本都没有记住，而对于第二个列表，A组成员却比B组成员记得清楚。

该实验结果显示，通过"努力去忘记"，我们就可以忘记。不仅如此，通过忘记第一个列表的内容，使得A组成员对第二个列表的内容能够记忆地更加清楚。A组成员很难出现因记忆相似的内容而产生记忆混乱的情况。

只要刻意不去回忆，不愉快的记忆就会渐渐模糊

说起学校……

对于她来说，不愉快的记忆犹如精神创伤。

真讨厌！我不想去回忆……

这是被称为**定向遗忘**的心理机制。通过接受"忘记"的命令可以刻意掩盖这个记忆。

关于是否可以刻意地忘记，有一个课题，叫做Think/No-Think。其典型的练习方法是向被测试者提供几组左右成对的单词并让他们对此进行记忆，之后让他们只看左边的单词，回忆出右边的单词。

例如，让被测试者记忆如"旗子—刀"等几组成对的单词之后，如果告诉他们"旗子"，他们则应该回答"刀"。在进行了充分的练习之后，A组成员被布置Think练习，也就是以左边的单词为线索，回忆再现右边单词。与此相对，B组成员被布置No-Think的练习，也就是在被告知作为线索的单词时，不要去回忆再现与其相对的单词。对于A、B两组成员都设定三个条件，即将各组成员都分成对各单词只进行1次练习的成员、进行8次练习的成员，以及进行16次练习的成员。

最后，告诉他们作为线索的左边的单词，让他们再现右边的单词时，我们发现在Think条件下，反复练习的次数越多，成绩则越好。而在No-Think条件下，反复练习的次数越多，成绩则越差。反复进行16次No-Think练习后，再现的比率则低至10%左右。

该结果表明有意识的忘记是可能的。例如，在看见某个人就会想起不愉快的事情或只要去公司就会想起让人痛苦的经历时，只要努力不去回忆那些不愉快的经历，就可以忘记。

Think/No-Think课题中不同重复次数下再现的成绩

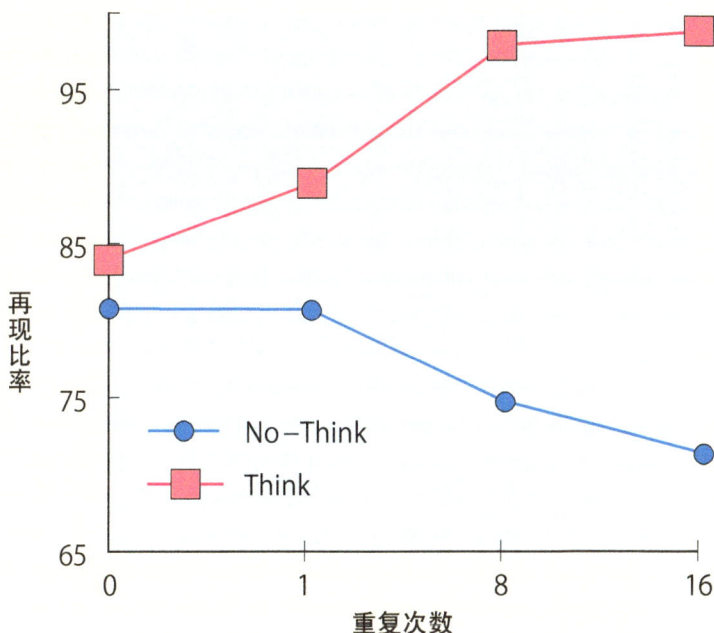

（Anderson and Green，2001；清水）

　　在记忆完成对的单词之后，布置给被测试者的是Think课题和No-Think课题。每个课题都包括练习1次、8次和16次的成员。在Think课题中，当被告知成对单词中的一个时，要求被测试者回忆另一个单词。而在No-Think课题中，当被告知成对单词中的一个时，要求被测试者不要回忆出另一个单词。最后，在再现测试中所得到的成绩如上面的图所示。通过该图我们可以明显地看出，No-Think课题对记忆具有抑制效果，该课题重复的次数越多，遗忘得就越快。

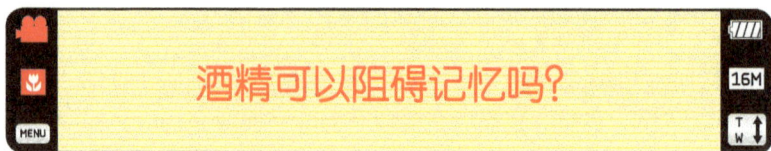

大家在喝酒时都曾有过这样的经历，由于酒精的作用会出现记忆模糊，记不清楚喝醉后所发生的事情。而对于这些人，不怎么喝酒的人会对他们做出如下指责：不想记住的事情就归罪于酒精，以酒精为借口说记不住了。那么实际上酒精会不会使记忆变得模糊呢？

关于酒精对记忆产生的影响，研究人员通过心理实验进行了探讨。例如，给被测试者6张单词列表，每张列表中有12个单词，让他们对全部72个单词进行记忆。其结果显示，不喝酒的人可以记住大约40个单词，而喝醉了的人只能记住30个左右。这样看来，酒精对记忆具有阻碍作用似乎是事实。

从中我们还发现了更有趣的事情。与回忆已经记住的内容相比，酒精所阻碍的是对新事情进行记忆的功能。通过实验，我们得知，饮酒会导致记忆无法进行细致的编码，所以醉汉可以清楚地记得并絮絮叨叨地说着过去的事情，却完全不记得喝醉时所发生的事情。

喝醉时记忆较差这一点在目击证人证词的实验中也得到了证实。

例如，有一个心理实验以饮酒和未饮酒的人为对象，让他们遭遇盗窃，之后立刻从两组被测试者中分别选出几名人员，进行个别实验，并让他们就自己所目击的内容进行汇报。结果显示，两者所能回忆出的信息量具有明显的差异。也就是说，饮酒人员所能回忆出的信息量相当贫乏。

一周之后再对所有成员进行个别实验，让他们对自己所回

酒精的效果

单词记忆实验

对饮酒人员和未饮酒人员的成绩进行比较

↓

饮酒人员的成绩明显较差

目击证人证词实验

对事件发生时饮酒的目击证人和未饮酒的目击证人的证词进行比较

↓

饮酒人员所能回忆出的信息量较少，且内容不正确

喝醉的人会不停地重复叙述以前的事情。因此说，酒精未必能对回忆过去的能力产生阻碍

饮酒会阻碍对新事情的编码功能

忆到的盗窃情景进行汇报，并通过面貌识别让他们从多名人物中辨认犯人。

结果显示，与未饮酒人员相比，饮酒人员即使是在酒醒时，所能回忆出的信息量也是明显相对贫乏的。所以并不是说只要酒醒了就可以回忆出来。另外，根据面貌识别实验可以知道，饮酒人员在对犯人进行识别时错误较多，将不是犯人的人误认为是犯人的情形较多。

由此，喝醉时所发生的事情很难被记住的事实已经得到确认。所谓的"当时由于喝多了所以不记得了"的辩解未必就是谎话。所以，在对方喝醉时，还是不要谈重要话题为妙。好不容易谈成了，如果对方不记得则毫无意义。虽说喝酒可以营造良好的谈话气氛，喝完酒后也可能模糊记得当时的谈话，即便如此，重要的话题还是应该在不喝酒的状态下来谈。

饮酒时的记忆很难留下深刻的印象

喝酒的A

不喝酒的B

一个奇怪的人……

昨天店里好像出现了一个奇怪的人……是个什么样的人，长相如何，你看见了吗？

宿醉未醒……

这么说来，好像昨天是有一个戴着墨镜，穿着黑色上衣和黑色牛仔裤的人出现过。

个子挺高的，有点瘦……

一周以后再次对A询问情况……

什么都不记得了……

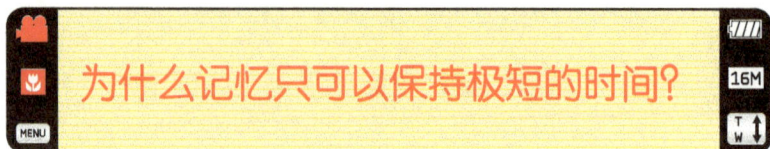

"我已经病了多长时间了呢?"

"已经四个月了。"

……

"是吗?这段时间我一直没有意识。失去意识是怎么一回事,你知道吗?咦?多长时间来着?"

"是四个月。"

(中略)

"在这段时间里,我什么都听不见,看不见,什么也闻不到,感觉不到,什么也接触不到。对了,多长时间来着?"

"是四个月。"

"四个月!我就像一个死人一样。因为这段时间我一直都没有意识。是多长时间来着?"

"四个月。"

(Deborah Wearing著,匝瑳玲子译,《只有七秒记忆的男人》,兰登讲谈社出版)

这是因病毒性发烧和头痛而产生严重记忆障碍的丈夫与妻子之间的对话。由于丈夫对一瞬间之前的事情也会立刻忘记,所以这样的对话才会无止尽地被重复着。

虽然丈夫有重度记忆障碍,但由于他所失去的是情景记忆,语义记忆仍然清楚地保存着,所以进行日常对话时,并没有任何问题。当然,连几秒前的对话都能够忘记这件事,虽然会影响日常对话,但他在对于语言的理解、说话上都没

可以进行日常会话却无法进行新的记忆

有问题。

　　另外，由于重度记忆患者的程序记忆也保存得很好，所以这种记忆障碍对他们边读乐谱边唱歌、演奏乐器等音乐技巧并不会产生影响。

　　从丧失情景记忆的人身上，我们可以清楚地看到记忆的基本机制。发病后，由于丧失了保存新记忆的能力，所以他们完全不记得发病之后的事情，甚至连发病之前的记忆也丧失了。但是，他们从最近的记忆开始丧失。比如，他们虽然记得自己有孩子，但已经长大成人的孩子在他们的记忆中还是小孩；虽然不记得最近所发生的事情，但却清楚地记得自己小时候家人的名字；虽然不记得自己最近认识的人，但是看见自己多年前的朋友，还是能够识别出。另外，自己长大的地方、战争中疏散的地方、有防空洞的地方等，与自己小时候生活相关的记忆全都被保留了下来。

　　奇怪的是，重度记忆患者即使是在情景记忆中忘记了具体的内容，大概的内容还是能够勉强保存下来。比如，他们虽然记得自己已婚，却不记得结婚仪式；虽然记得自己是音乐家、指挥家，但却完全想不起来自己曾在哪儿开过演唱会等。

顺行性遗忘和逆行性遗忘

顺行性遗忘

对于发病以后所经历事情的记忆障碍
即对新事情进行编码的障碍

逆行性遗忘

对于发病以前所经历事情的记忆障碍
即对过去已经编码的事情进行检索的障碍

科尔萨科夫氏综合征

科尔萨科夫氏综合征是具有代表性的健忘征之一。其症状的特征包括焦躁感、情绪无法安定、意欲低下、虚构、识别障碍等，而其核心就是记忆障碍。

这种记忆障碍的特征是，会同时产生无法记住发病后所经历事情的顺行性遗忘和想不起来发病之前所经历事情的逆行性遗忘这两种遗忘。其中逆行性遗忘具有时变性，患者很难想起最近所发生的事情，却较容易想起很久以前所发生的事情。即很难想起发病之后所发生的事情及发病之前较短时间内所发生的事情。

第4章

提高记忆力的技巧

　　在学校生活及社会、日常生活中，大家肯定都曾多次想过"如果自己的记忆力能够再好一点儿就好了"。那么，究竟有哪些可以真正提高记忆力的技巧呢？在第4章中，我们将以记忆的基本机制为基础，就卓有成效的记忆技巧进行介绍。

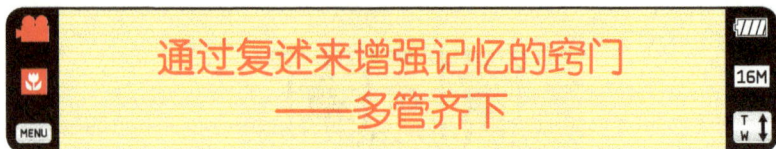

背诵的基础就是复述，即反复。通过复述，可以将短时记忆送至长时记忆。

打电话时，我们会在大脑中或是嘴里不断重复电话号码，以保证记住电话号码。复述也是一样的。

像电话号码这样拨完号码后就不用的内容可以立刻忘记。然而，如果希望对于电话号码的记忆可以保持得再长一点的话，单纯的复述是不够的，需要使用多管齐下的复述。多管齐下，即将五官全部动员起来。

例如，需要记住活动的标语或是公司的经营理念时，不仅要通过目视或默念的方式来进行复述，还要发出声音让耳朵产生重复的音响效果。另外，还可以将其写在纸上，使手得到反复的刺激。也就是，要尽可能采用多管齐下的方式来进行复述。只有这样，才能在记忆里留下各种形式的线索以阻止记忆的消失。

每隔一段时间就进行复述是非常有效的。比如，几分钟后进行复述、几十分钟之后再进行复述、一个小时之后再进行复述、几个小时之后再进行复述、睡前进行复述、第二天早晨再进行复述。像这样，隔一段时间就进行复述，一旦要忘记的时候，就进行复述。

使用多个感觉器官来进行记忆可以使我们的记忆更加巩固

默念→使用视觉

想要记住英语对话，所以阅读英语课本！

English

朗读→使用听觉

I am...

听教材磁带来发音

I am...

笔记→使用手的运动感觉

通过反复书写来进行记忆

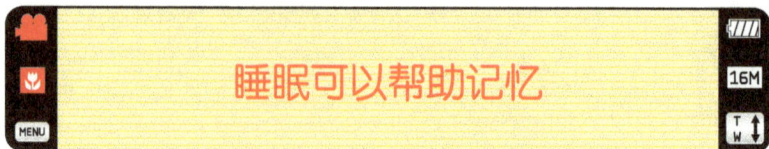

　　由于人在清醒状态下会流入大脑一些多余的信息，好不容易记住的内容会出现混乱、想不起来的情况，所以记住了之后立刻睡觉会比较好。如第3章所述，这已经通过詹金斯和达连巴科的实验得到证明。该实验显示，与记忆后处于清醒状态的人相比，记忆后立刻睡觉的人能够很好地回忆出所记忆的内容。

　　然而，我们了解到，对于记忆来说，睡眠除了可以阻止多余刺激的流入之外，还发挥着更加积极的作用。

　　心理学家海涅让两组成员记忆一系列列表。A组成员在下午较早的时间进行记忆，并在第二天下午相同的时间接受记忆测试。B组成员在晚上睡觉之前进行记忆，并在第二天晚上睡觉之前接受记忆测试。对测试成绩进行比较后他发现，在睡觉之前记忆的B组成员的成绩较好。

　　两组成员都是在记忆24小时后接受记忆测试的，他们都经历了一天所有的环节，且白天流入的大量多余刺激也是相同的，区别仅仅在于记忆后是否立刻睡觉。

　　由此我们得知，记忆后立刻睡觉可以使记忆更容易得到巩固，第二天白天即使有多余的信息流入，记忆也很难受干扰的影响。睡觉似乎具有固定记忆的功能。

记忆后立刻睡觉可以使记忆更容易得到巩固

A组成员

B组成员

结果……B组成员记得比较清楚

怎么回事？

太棒啦！

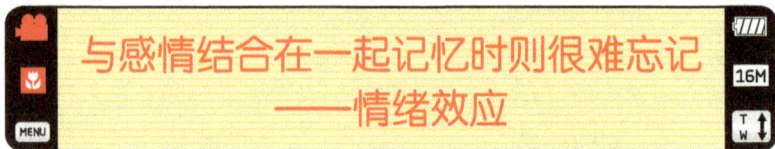

与感情结合在一起记忆时则很难忘记
——情绪效应

以前，在没有记录习惯的时代，人们想要深刻地记住重要的事情时，做法很恐怖。即选出7岁左右的孩子，让他们认真观察需要记住的事情之后，把他们扔进河里，于是该事情就能够清楚地留在这些孩子的记忆里，一生都难以忘记。也就是说，几十年之后，他们仍然保存着对于该事情的记忆。

这是因为将他们扔进河里会使他们产生强烈的情绪，从而使记忆得到巩固。

看见毒蛇时的恐惧感、差点儿从悬崖上滑下去时的恐惧感等，对这些感觉的记忆会与在危险中保护自己联系在一起。成功时的喜悦、失败时的失落等也是一样，通过对这些感觉的记忆可以和将来获得成功、避免失败联系在一起。所以，通过产生一定的情绪来使记忆得到巩固，可以说是一种适应性的功能。

有这样一个实验，它可以证实通过实际情况唤起的一定感情可以使我们的记忆更容易得到巩固。该实验是将接吻、呕吐、强奸这种能唤起强烈感情的词语和考试、跳舞、金钱、爱、游泳这些无法唤起如此强烈感情的词语放在一起，然后将这八个词语分别和一个数字组合后让被测试者对其进行记忆。一周之后再进行记忆测试后我们发现，被测试者对于能够唤起强烈感情的词语和数字组合的记忆较为清晰。强烈的感情能够强化记忆这一点已经得到科学的证实。

无法忘记感情受到触动时的记忆

小时候，去看棒球比赛……

回去的时候，电梯发生故障，在电梯里被关了半个小时左右……

那天的事情永远都无法忘记。

虽然我所支持的球队取得了胜利，我非常开心，但是电梯突然变得漆黑一片……

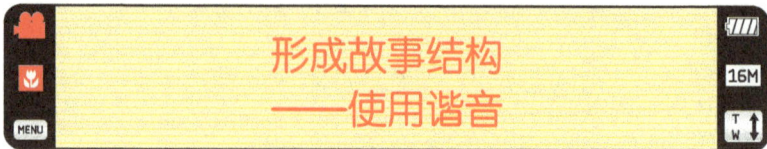

形成故事结构
——使用谐音

我们的记忆具有故事结构这一点在第2章已经进行了论述。上课的时候没有记住应该记住的内容，仅仅记住了老师闲聊的可有可无的内容，这可以说是因为记忆具有故事结构。

请大家回忆一下小学、中学的时候，在对历史事件发生的年代或是对数学、理科的公式等进行记忆时，都用过的谐音记忆法①。

例如，"794年、平安京"、"1192年、镰仓幕府"、"1492年哥伦布发现新大陆"等，即使通过复述的方法记住了，考试一结束又都全忘了。如果使用谐音"鳴くよウグイス平安京②"、"いい国つくろう鎌倉幕府③"、"意欲に燃えるコロンブス④"来进行记忆的话，考试结束之后即使经过半个世纪也不会忘记。它们可以在记忆里留下相当深刻的印象，以至于无法忘记。像$\sqrt{3}=1.7320508$、$\sqrt{5}=2.2360679$等无聊的数字组合，如果使用谐音"人並みにおごれや"、"富士山麓オウム鳴く"来进行记忆的话，即使经过十年也不会忘记。

这种谐音记忆法可以说正是积极利用记忆所拥有的故事结构来进行记忆的方法。对要记忆的内容进行一定的加工，赋予其故事结构之后再进行复述，就可以在记忆里留下深刻的印象。进一步讲，在进行复述时，如果可以在大脑里形成图像等视觉效果，就会更加有效。

①其中所使用的日语汉字及假名的日语发音与年代中数字的日语发音相同，因此可以使用谐音记忆法。——译者注
②意为：黄莺啼，平安京立。——译者注
③意为：镰仓幕府开创了繁盛的朝代。——译者注
④意为：雄心壮志的哥伦布。——译者注

谐音所使用的是记忆寻求故事结构的特征

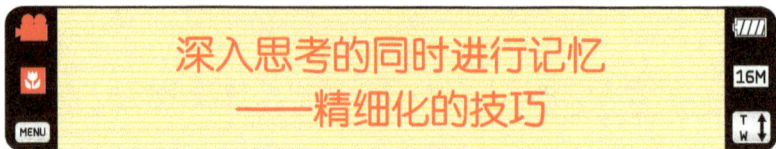

在记忆时，单纯的机械性反复可以维持极短时间的记忆，如果进行赋予其内涵的、使用联想的更深层次的精细复述的话，记忆则可以保持很长时间，这一点在第2章已经进行了叙述。要想留下深刻的记忆，需要积极地赋予其内涵或进行联想，在让大脑转动起来的同时进行记忆才会更加有效。

例如，在对"一位男士买了塑料"这句话进行记忆的研究课题中，进行了对一边问自己"为什么"一边记忆的效果验证的心理实验。结果显示，通过让被测试者对"为什么这位男士要做这样的事情"进行思考，可以使被测试者的记忆成绩得到提高。

不仅仅是单纯记忆字面意思，只有在深刻理解事件内容的同时进行记忆，才可以记得更加清楚。

在被测试者对单词进行记忆的实验中，还进行了让被测试者在20秒的时间内尽可能多地写出自己所能联想到的单词的实验。为了使得联想这一方法**精细化**，让他们按顺序说出自己所回忆到的词语和通过这些单词联想到的词语。

以实验结果为基础，整理联想出的词语数量与正确回忆出的词语之间的比率（正确率）后得到如右所示的柱形图。即按照通过所需记忆的词语只联想出两个以下词语、联想出三个词语、联想出四个词语、联想出五个以上词语来进行分类，并分别计算出各自的平均正确率。

不同联想词语数量下正确记忆的再现比率

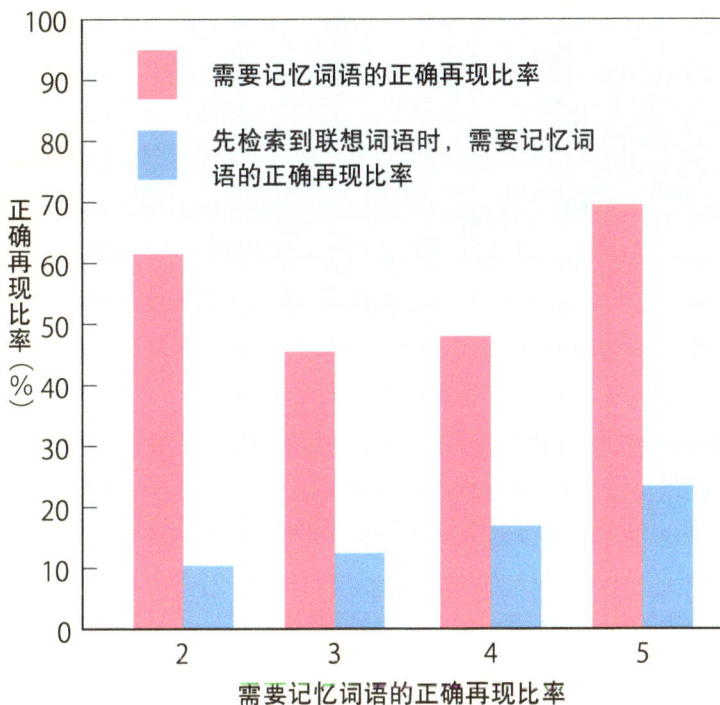

需要记忆词语的正确再现比率

(丰田，1990&高野，1995)

　　在对单词进行记忆的实验中，针对每个单词，要求被测试者在20秒内尽可能多地写出从该单词所联想到的单词。然后，不管是需要记忆的词语还是联想到的词语，要求被测试者按顺序说出自己所回忆到的词语。其结果如上面的柱形图所示。

　　从粉色的柱形图中我们可以看出，联想到的词语越多，对于要记忆的词语的再现比率就越高。该事实告诉我们联想到的词语越多，记忆就越精细。从图中我们还可以看出，联想到的词语为两个以下时的再现比率也是非常高的。我们可以将其看成是，在与很难进行联想的词语进行搏斗的过程中促进了精细化的发展。

从上图中我们可以看出，联想到的词语超过五个时词语记忆的正确率最高，由此我们可以理解为，通过联想出五个以上的词语促进了记忆精细化的发展，同时也促进了对于单词的记忆。

　　但是，正确率处于第二位的是联想到的词语为两个以下时的情况。由于在20秒内只联想到两个词语，所以这些一定是很难进行联想的词语。由此我们可以推测出，为了从这样的词语联想出新的词语，需要努力进行思考，从而促进了记忆精细化的发展。

　　不仅如此，通过观察蓝色柱形图我们可以发现，无法直接检索到需要记忆的词语（想不起来），而是先检索到联想到的词语，再通过联想到的词语来正确回忆本来需要记忆的词语的比率会随着联想到的词语的数量增加而提高。由此我们可以知道，联想到的词汇越多，之后进行回忆时的线索就越多，从而可以帮助我们进行回忆。

　　将老师、领导所讲的内容转换成符合自己的语言时，记忆会更容易得到巩固，这也是因为记忆是按照自己所理解的框架来进行编码的。

　　演员需要记忆大量的台词，否则就无法演出。这点从外行的角度来看，一定会觉得不可思议，为什么他们能记住那么多的台词。有心理学家对演员记忆台词的方法进行过调查。通过该调查了解到，演员是通过认真思考自己所扮演人物的性格，即人物形象，深刻理解该人物所述话语的内涵来对台词进行记忆的。当然，专业演员一定是熟练掌握了记忆精细化技巧的。

以联想到的词语为媒介的检索路径模型

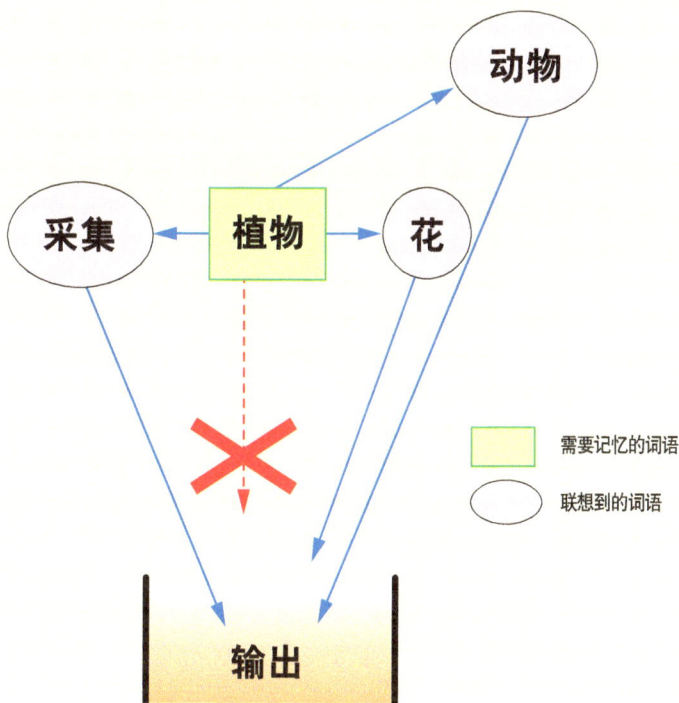

动物

采集 **植物** **花**

| | 需要记忆的词语 |
| | 联想到的词语 |

输出

（高野，1995）

从上一页的蓝色柱形图我们可以看出，联想到的词语越多，对需要记忆的词语的再现比率就越高。该事实告诉我们，无法直接回忆出需要记忆的词语时，以联想出来的词语为线索找出需要记忆的词语的机制会发挥作用。

如图所示，想不起来"植物"这个需要记忆的词语时，记忆会检索出"动物"、"花"、"采集"等所联想到的词语，并以此让联想发挥作用，最终找出"植物"这个词语。联想到的词语越多，则越容易找出正确的、需要记忆的词语。

通过实际演练使记忆得到巩固

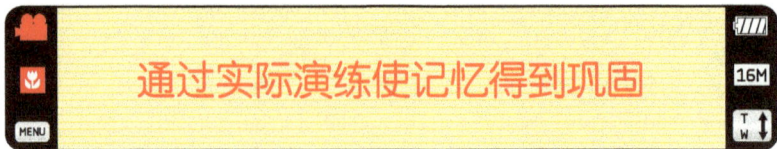

在听完对操作顺序的说明之后，被要求"接下来，大家就实际操作一下吧"时，很多人都会觉得很麻烦："还有必要试吗？我都已经记住了。"千万别小看实际演练，一旦忽视，正式开始时就会出现混乱。

实际演练的效果已经通过众多的心理实验得到证实。某实验结果显示，通过实际演练甚至可以使记忆的成绩提高20%～30%。不仅如此，虽然随着时间的发展对于记忆内容的再现比率会逐渐降低，但是如果使用实际演练，与仅通过语言来记忆的情况相比，再现比率下降的幅度也会减小。

为什么实际演练会有这样的效果呢？对于这一点有很多种说法。有说服力的说明之一是**多模态编码**。它是指在进行实际演练时，会使用多种方式来进行编码，所以效果会比较好。仅通过语言来进行记忆时，使用的是通过视觉或听觉等单一的方式来进行编码，而实际演练则是通过使用视觉、触觉、身体运动等多种方式来进行编码，因此记忆才更易于得到巩固。

虽然实际演练、实习等确实比较麻烦，甚至会让人觉得很傻，但是其效果已经通过心理实验得到了证实，千万别小看它哦。

不同年龄在语言条件和实际演练条件下的记忆成绩

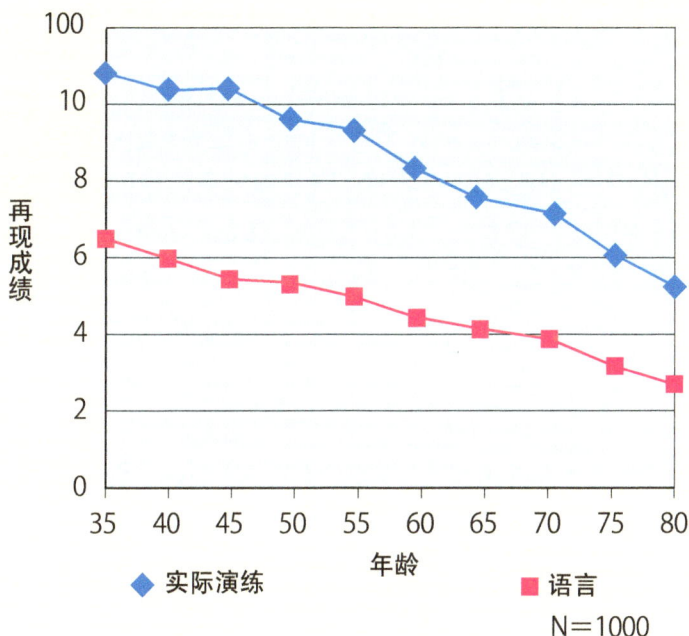

实际演练

语言

N＝1000

（增本，2008）

　　用语言说明、让被测试者进行记忆的是语言条件，配合实际演练、让被测试者进行记忆的是实际演练条件。

　　从上面的坐标图可以明显地看出实际演练的效果。从35岁到80岁，所有年龄段在实际演练时的再现成绩都远高于语言条件下的成绩，前者是后者的1.5～2倍。虽然成年人的记忆力会随着年龄的增长不断下降，但如上图所示，如果配合实际演练，即使是70岁的人，其再现成绩与30岁的人在语言条件下的成绩几乎处于同一水平。

与熟悉的地点结合在一起
——辩论家的记忆法：地点记忆法

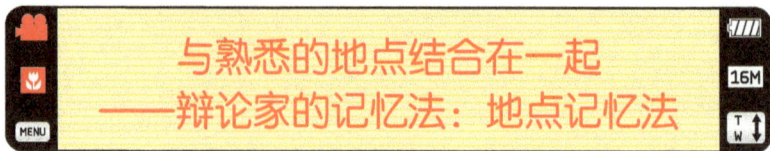

　　有很多要做的事情，如何才能不忘记？要在众人面前演讲，如何才能记住演讲的内容？做笔记是最好的方法。而在无法使用自己所记录的笔记时，地点记忆法则是最有效的方法。

　　因记忆力出众而闻名的俄罗斯人，他们所使用的方法是在脑海中浮现出高尔基大街，将需要记忆的事情分别放入这条大街上自己所熟悉的商店里。回忆时，在脑海中想象着自己行走在高尔基大街上，一间一间地走进自己所熟悉的商店里，按顺序拾起自己所放入的、需要记忆的内容。

　　这正是两千多年以前活跃于罗马的辩论家西塞罗所使用的记忆法。西塞罗将自己的演讲内容细分，在脑海中想象着自己散步于熟悉的宫殿等建筑物中，并将经过细分的演讲内容放入不同的地方，演讲时则一边想象该建筑物一边按顺序拾起演讲的内容。

　　如上所述，结合自己所熟知的建筑物或街道进行记忆的方法叫做**地点记忆法**。如果对自己将要进行演讲的会场非常熟悉，或是可以提前进入的话，也可以利用会场进行记忆。选择自己从演讲台处眺望时可以看见的地方，如前方入口的大门、后方入口的大门、位于角落的橱柜、右侧的窗户、中间的窗户、挂在墙上的画框、左侧的窗户等，将演讲内容按话题进行区分后依次放入上述地点。演讲当天，只需瞭望会场，按顺序找出即可。

152

与地点结合在一起进行记忆的方法自古就有

据说只要讲述给其他人听就不会忘记，果真是这样吗？很多人根据自己的经验都认为是这样的。从心理学的角度来看，讲述给其他人听确实具有强化编码的功能。

首先，通过向其他人讲述可以进行两次编码。一个人进行思考、记忆时会进行一次编码，在此基础上，向其他人讲述时还会进行一次编码，从而在记忆里留下深刻的印象。特别是，虽然自己看不见自己的举止，但是由于可以清晰地看见别人的举止，所以与自己一个人复述的情况不同，向其他人讲述的情景会作为视觉影像进行编码。也就是说，在基于语言的音效基础上，事件会同时作为视觉影像进行记忆，从而进行两次编码。

其次，通过向其他人讲述可以使记忆的内容精细化。例如，假设自己非常重视自己的项目，打算在探讨项目的时候发言，或是打算在发言时说出自己的想法。但向其他人讲述并不是单方面的发表言论，如果不能让对方理解自己的想法，则无法与他人进行思想的交流。因此需要通过认真回答对方的提问，反复向对方解释，重新组合说明材料、理论来让对方理解自己的想法，以说服对方。在这样的过程中可以不断使记忆的内容精细化，从而使自己所解释的内容在自己的记忆里留下深刻的印象。

因此，对于自己的想法、自己希望记住的内容，需要尽量向其他人讲述。

向其他人讲述堪称强化记忆的捷径

在这样的过程中实现精细化

"这个是听谁说的来着？"

"这一信息好像在哪儿看到过，在哪儿来着？"

"这个好像听过，在哪儿听过来着？"

如上所述，有时会出现所记忆的内容与信息源相分离、无论如何也想不起信息源的情况。由于对内容的印象非常深刻，所以这些内容易于留在记忆里，但很多时候都很难想起内容的来源。

明确信息源的过程我们称之为信息检测。很多情况下的记忆偏差都与信息检测的混乱有关。

"不是你说的吗？"

"我没说过啊！"

无论是上述记忆偏差，还是

"资料里就是这么写的。"

"没有，资料里没写。"

这样的记忆偏差，起因于信息源错误的可能性非常大。

心理学家林赛和约翰逊设计了信息检测实验，对事后信息的记忆变化进行了探讨。事后信息的记忆变化是指当时所获得的信息与之后从其他地方所获得的信息混合在一起，使记忆发生变化。

信息源极易出现混乱

认知心理学家Loftus等进行了一系列揭示目击证人证词存在偏差的实验。从这些目击证人证词的偏差中我们可以发现，人们对信息源的记忆是极不稳固的。

让被测试者观看播放白色跑车在田间小道奔驰的录像后，让他们推测跑车的速度。此时，向其中一半的人提出的问题是："在田间小道奔驰的白色跑车经过仓库时的时速大约是多少？"而向剩下的人提出的问题是："在田间小道奔驰的白色跑车的时速大约是多少？"

这之后，询问所有的人："在刚刚的录像中，看见仓库了吗？"于是，在询问关于白色跑车速度的问题中出现"仓库"这个词的情况下，17%的人的答案是"看见了仓库"。与此相对，在问题中没有出现"仓库"这个词的情况下，回答"看见了仓库"的人的比例仅为3%。

实际上，录像中并没有出现仓库。该实验结果证明，事后的引导提问导致目击证人证词出现了偏差，即他们对于明明没有看见的东西，误以为自己看见了。

该实验同时还表明，对信息源的记忆是如此的不稳固。看完录像之后因"询问速度的提问"而得到的"仓库"的印象与因观看"录像"而得到的"仓库"的印象出现了混淆。即关于"仓库"印象的信息源出现了混乱。

在信息检测实验中，让被测试者看完作为教材的文章和画之后，就几样东西，让被测试者从"仅在画中出现过"、"在画和教材中都出现过"、"仅在教材中出现过"、"画和教材中都没有出现"这四个选项中，选择各自合适的选项。

实验结果让我们认识到，通过进行信息检测实验可以在一定程度上防止事后信息的记忆混乱发生。即对于所获得的信息，通过充分意识到该信息的出处来防止记忆出现混乱。

因此，工作上的重要内容、将来可供参考的内容等，对于这些信息，不仅要记下这些信息的内容，还应该记下信息的来源。像"〇〇报纸，〇月〇日"、"〇〇电视台，节目名称，〇月〇日"、"从何处，〇月〇日"、"〇〇策划书，制作者，制作日期"这样，备注上信息源。

如果仍然记得信息源，大家都会认为没有必要再次做备忘记录。然而实际上，对于信息源的记忆会日渐模糊，一段时间之后，很有可能就想不起来了，完全不记得究竟是谁说的、从哪儿读来的等，于是就会出现记忆偏差。

如果是在闲谈过程中出现的记忆偏差，简单地说一句"人类的记忆真是有意思啊"就可以不了了之。但是，如果是在商业场合出现了记忆偏差，则无法如此简单地推卸责任。希望大家都能养成备注信息源的习惯。

信息检测的效果

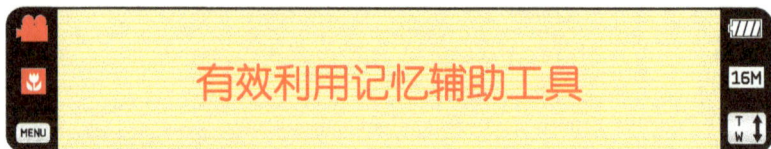

对于必须记住的内容，我们需要利用记忆辅助工具。这是不放心仅用大脑进行记忆时的辅助记忆装置。

上小学时，由于自己总是丢三落四的，所以我总是会用不易擦除的油性水笔或圆珠笔将它们都写在手上。因为即使做了笔记，如果不记得看的话则毫无意义。从这个角度出发，如果写在手心或是手背上的话，不经意之间就能看见，所以记起的可能性很大。

记住应该要做的事情我们称之为前瞻性记忆，记忆提供关于应该要做的行为内容的功能是存储功能，在合适的时间实施该行为的功能我们称之为触发功能。笔记所承担的是存储功能，计时器所承担的是触发功能，而日历所承担的则是这两种功能。三者都可以说是外部记忆辅助工具。

某心理学家以大学生为对象进行了关于记忆辅助工具的调查。该调查显示，最常使用的是放在特殊地方的方法，这是所有学生都经常使用的方法。所谓放在特殊的地方是指将其放在需要想起的时候能够想起的地方。为了不忘记外出时需要携带的东西，将其放在书包上、门口，或是吃早饭的桌子上等特殊的地方是非常有效的，所以该方法得到了最广泛应用。

其次多用做备忘笔记、请别人提醒的方法，这是97%的学生都经常使用的方法。所谓的备忘笔记是指在纸片、笔记本、记事本上记下相应的内容，包括所有的笔记。

学生使用记忆辅助工具的频率

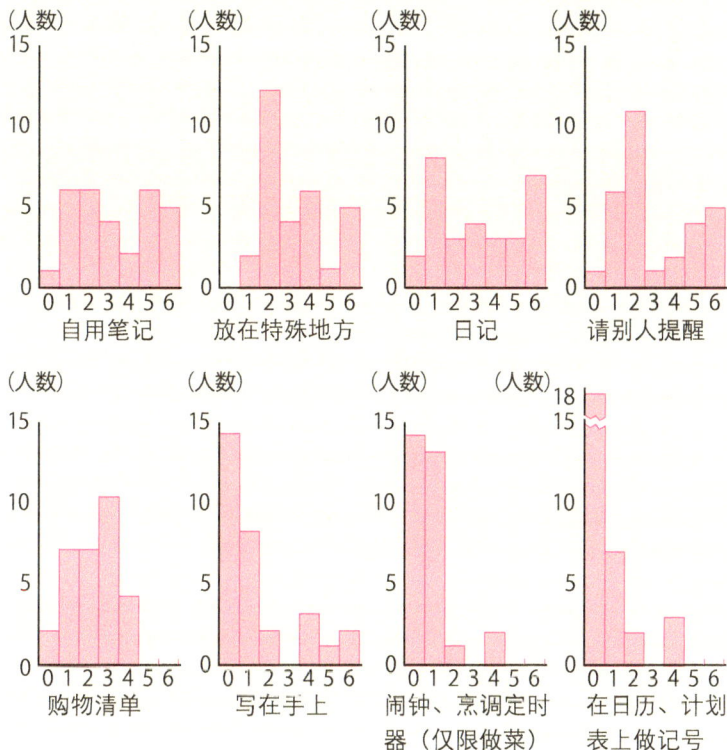

0=完全不使用

1=最近六个月最多两次　　2=最近四周两次以下

3=最近两周两次以下　　　4=最近四周3～5次

5=最近两周6～10次　　　6=最近两周11次以上

(Harris，1978；奈瑟，1989)

　　从上述调查可以看出，学生经常使用的记忆辅助工具有自用笔记、日记、请别人提醒等。最近开始使用手机的提醒功能。伴随记忆辅助工具的发展，使用模式也在发生变化。

关于笔记，与学生不同，不允许出现失误的商务人士使用的更多。随便找张纸记录的话，有可能会丢失或是忘记看，所以可以说记事簿是商务人士的必备品。将记有要点的便签条贴在记事簿上的方法也是非常有效的。

最近，使用计算机做笔记的方法也在很多业务场合得到使用。对于能够熟练使用计算机的人来说，这是非常方便的方法，但这种笔记如果不插上电源则无法查看，可以说这一点是该方法的缺点。如果是较长的文章，使用计算机会比较方便，但对于约定的时间、地点、必要的资料等简单的内容，还是不需要插入电源就可以查看的方法比较好。

请别人提醒这一方法可以说是使用别人来作为外部记忆辅助工具的方法。由于是活生生的人，所以他们和自己一样也有可能会忘记。从这个意义上来说，他们不会像闹钟一样准确无误地提醒我们，但是两个人同时忘记的可能性一定会比一个人忘记的可能性要低。每个人记忆的内容和忘记的内容会有微妙的差异，这一点从日常的记忆偏差中就可以很明显地看出。正因为存在偏差，所以作为外部记忆辅助工具，别人是完全有可能帮助到自己的。

除此之外，约有五成的人会经常使用写在手上、使用闹钟的方法。记入日历的方法也有四成的人会经常使用。对于成年人来说，写在手上确实是一种影响形象的做法。虽然偶尔也会看见同事将需要记录的内容写在手上，但这种方法总是会给人一种不成熟的印象。所以，要做笔记的话，还是应该写在自己的记事簿上，而不是手上。

记忆会以极快的速度逐渐模糊

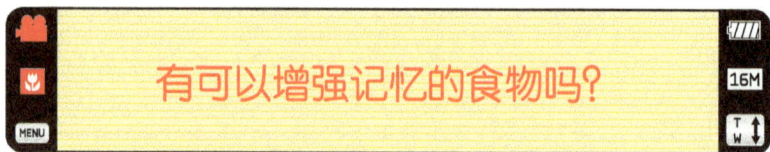

　　我们都曾听说过，银杏叶的提取物有增强记忆的效果，还有草药、维生素可以提高记忆力等说法，但是据说这些说法都没有得到科学的证明。

　　曾经有过这样的实验结果，发现吃大豆油的老鼠与吃猪油的老鼠相比记忆力要高出15%。于是我们推测认为，大豆油具有提高记忆力的效果。

　　可能与遗忘有关的荷尔蒙也已经被发现。众所周知，很多女性在闭经后都会出现记忆力下降的现象，有说法认为给闭经后的女性注射雌性激素就可以提高她们的记忆力。由此我们可以想到的是，雌性激素的减少或许与记忆力的下降有关。因此，注射雌性激素会产生一定的效果。

　　有报告显示，给老鼠注射在小肠中所生成的叫做油酰乙醇胺的一种脂肪酸之后，老鼠的记忆力得到了提高。如果阻止因油酰乙醇胺而活跃的脂肪酸受体与油酰乙醇胺的接触，则对老鼠进行记忆测试的成绩就会下降。由此我们可以看出，油酰乙醇胺也可以为人类记忆力的提高做出贡献。

　　经过上述验证，被认为可能与记忆力的提高有关的物质虽然逐渐明确，但是并未得到切实的证明，可以说还处于研究的过程中。更不用说开发富含有效提高记忆力的食品了，这是距离我们很远的话题。现阶段，不依赖食物、踏实地努力去记忆才是真正的捷径。

可以提高记忆力的药品、食品尚未明确

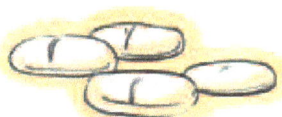

第 5 章

内隐记忆是新想法的宝库
——熟练运用内隐记忆

通常情况下，内隐记忆并不会出现在意识里。然而正是这些内隐记忆，才使我们的日常生活能够顺利地进行，才使改变历史的伟大发明创造得以实现。最后，将就如何熟练运用位于我们意识之中的内隐记忆的技巧进行介绍。

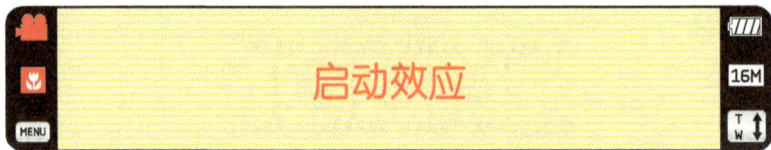

在启动效应实验中经常使用的是填词的题目。

以日语假名填词为例，给被测试者"○き○も"、"か○っ○"、"○い○いで○わ"等填词的题目，让他们在每个○里填空完成单词时，被测试者不能马上想起来是很正常的。但是，如果在事前不经意地让他们看了"やきいも①"、"かけっこ②"、"けいたいでんわ③"之后再让他们填的话，他们就能很容易完成。

这种现象我们称之为**启动效应**。内隐记忆在其中发挥着重要的作用。为什么说是内隐记忆呢？这是因为被测试者本人并没有看过这些单词的记忆。他们虽然忘记了事前曾经看过这些单词，但是想完成填词题目的愿望给回忆带来了影响，这是问题的关键。因此我们可以认为内隐记忆在发挥着作用。

在对基于内隐记忆的启动效应进行调查的实验中，并不是引导被测试者去回忆曾经见过的单词，而是要求他们回答出看见刺激后首先想到的单词。所以他们看见填词的题目后，在判断这是什么单词的过程中，内隐记忆开始发挥作用。

将被测试者分成A、B两组，对他们进行了内隐记忆和外显记忆的调查实验。首先进行的是辨认测试。让A组成员看完一系列单词之后，分3次，分别在8分钟之后、一周之后、五周之后再让他们看若干个单词，并让他们对这些单词是否是之前所看过的单词进行判断。

①やきいも：烤地瓜。——译者注
②かけっこ：赛跑。——译者注
③けいたいでんわ：手机。——译者注

对于B组成员，让他们看完一系列的单词之后，分3次，分别在8分钟之后、一周之后、五周之后对他们进行填词的测试。其中，既有曾经让他们看过的单词（旧项目），也有第一次让他们看见的单词（新项目）。

如右图所示，其结果显示，让他们看完单词之后立刻，即8分钟之后进行辨认测试的成绩是最好的，被测试者能够立刻意识到"这个单词是刚刚看到过的单词"。而一星期之后，辨认测试的成绩会急速下降，仅有三分之一左右的单词能够被识别出来。五周之后，能够识别的单词还不到总数的两成。然而，对于旧项目填词测试的成绩，五周之后仍然保持在三成左右，该成绩不仅远远超过了新项目填词测试的成绩，也远高于辨认测试的成绩。

也就是说，虽然五周之后无法辨认出这是事前曾经见过的单词，但是很多情况下内隐记忆却能作为填词测试的提示发挥有效的作用。这正是内隐记忆在解决问题上所做出的贡献，也可以说是启动效应的证据。

该实验同时也显示，内隐记忆所能保持的时间比外显记忆要长。让被测试者看完一系列的单词，经过五周之后，他们对于这些单词的记忆几乎完全消失，很难再识别出来自己曾经见过这些单词。然而，在填词的内隐记忆检查中，五周之后他们能填词的成绩较好。无法识别出哪个是五周之前所记忆的单词的现象说明对于曾经见过该单词的记忆并没有被保留在自己的意识里。尽管如此，即使经过了五周却仍然可以看出启动效应。该现象是否可以证明与外显记忆相比，内隐记忆更加难以忘记呢？

8分钟之后、一周之后、五周之后的辨认测试与填词测试的正确率

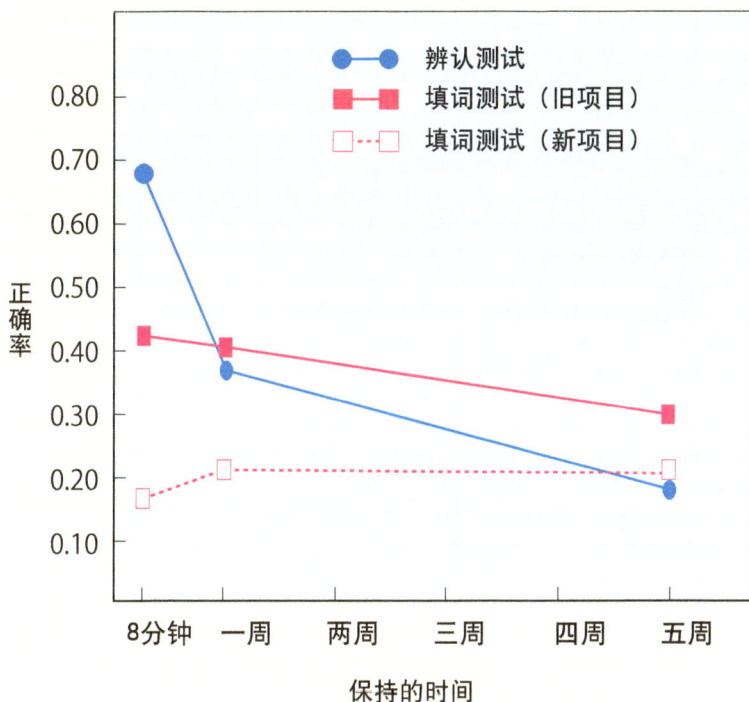

(Komatsu and Ohta，1984；高野，1995)

　　该实验结果的重点是，辨认测试的成绩在一周之后会急速下降，五周之后其成绩明显低于填词测试（旧项目）的成绩。
　　最初可以立刻意识到"这是刚刚看到过的单词"（约有70%的被测试者可以意识到），而五周之后仅有20%的被测试者可以意识到。然而，在五周之后，却有30%的人可以正确完成这些单词的填写。由此我们可以看出，内隐记忆对其产生了重要的影响。

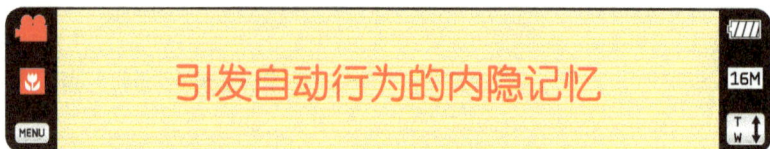

由于上学或上班的路线在每天重复的过程中已经成为自动化的行为，所以在哪个车站下车，步行时在哪里拐弯等行动即使没有意识也可以正确地完成。大家都有过这样的经验，一边行走一边思考，不经意间已经到了自己的家门口。这种情况都是内隐记忆在给我们指引方向。

像这样，将日常的上学、上班等路线化的行为交给内隐记忆，都可以顺利地完成。

但是，如果必须在途中的车站下车去趟医院时，或是需要在途中拐个弯去超市买完东西之后再回家时，如果交给内隐记忆去完成，就会出乎意料地遭遇失败。例如，按照每天的路线，没有在应该下车的车站下车，或是没有在应该拐弯的地方拐弯等，而是和平常一样，将回家的任务完全委托给了内隐记忆，仍然一边行走一边思考，不经意之间已经到了自己的家门口，才突然想起来：

"对了，今天是该去医院的日子。现在再过去的话已经来不及了！"

"忘了去超市了，冰箱里什么都没有！"

于是出现不得不返回的状况。

如果需要采取与平时不同的行动时，需要将要做的事情、要去的地方的记忆不断外在化，从而有意识地控制自己的行为。

心理学家科恩对因行为自动化而导致不同于意图的错误行为进行了分类。

稍不注意，就会被自动化的意识所引导

① 反复失误……存储的失败

② 目标转换……验证的失败

③ 脱落……子程序的失败

④ 混淆……识别及行动程序的失败

根据以日本的大学生为对象所进行的关于日常生活中这些失误的发生频率的调查结果显示，脱落的发生频率最高，达40%（举例如右页所示），其次是目标转换，达29%，混淆为17%，反复失误为14%。

从这些数据我们可以看出，脱落和目标转换是很多人在日常生活中都曾经历过的。

确实如此，我也经常会犯这样的错误。例如，正纳闷着为什么热水器的水还不热，突然发现虽然插上了电源，却没有打开热水器的开关；正疑惑着为什么面包还烤不好，却发现虽然按下了烤面包机的开关，可是没有插电源等。不管是按下开关，还是插上电源，由于这些行为很多都是在无意识的情况下完成的，所以偶尔会犯这些错误。这是在程序异于通常情况时，基于内隐记忆的流程发生混乱而易于出现的错误。

有时也会犯这样的错误，为了在下班回家途中的车站下车，必须乘坐每站停车的电车，可是却按照每天的习惯乘坐了快速列车，错过了途中的车站，这属于目标转换。之前所提到的医院和超市的例子也属于目标转换。

相反，从这些失误中我们也可以看出，我们的日常行为有相当大的部分都是在无意识中进行的。即使我们没有意识，内隐记忆也会帮助我们完成某些行为。

基于行为自动化的失误分类

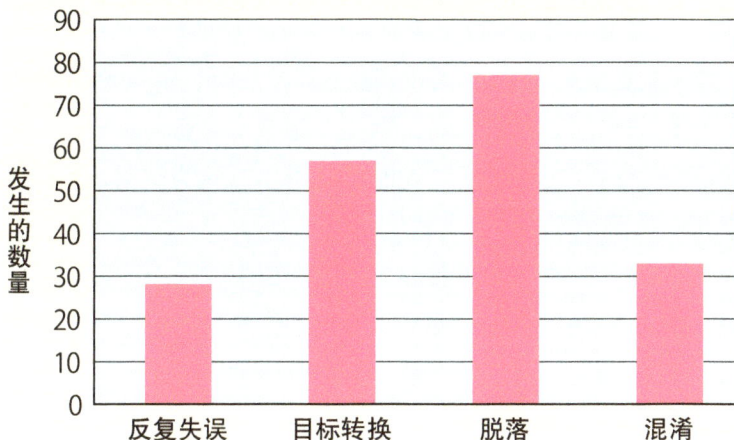

（井上，1999；井上和佐藤，2002）

反复失误举例

忘记自己洗澡的时候已经洗过头了，又洗了一次。

目标转换举例

因为下班回家的路上要和朋友见面，所以需要在别的车站下车，结果还是在每天下车的车站下了车。

脱落举例

按下了电饭锅的开关，一直等着饭煮好，却发现没有插电源。

混淆举例

穿着酒店里的拖鞋就去办理退房了。

这些都是作者自己亲身经历过的例子。

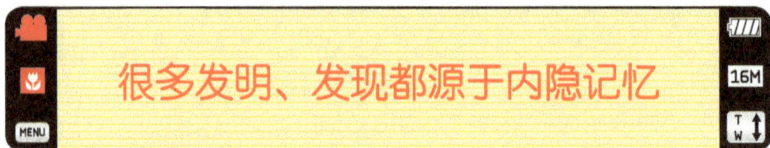

很多发明、发现都源于内隐记忆

内隐记忆通常不会出现在意识里。然而，如在做梦的时候，当意识的控制逐渐减弱，徘徊在意识与无意识之间时，内隐意识就会活跃起来。做梦有促进发明、发现的作用，也可以说是形成内隐记忆的一种方式。

有人请古生物学家斯坦伯格从博物馆中查找很久以前某种植物的叶子。他在思考去哪儿才能找到这种植物的过程中睡着了。这个时候，他做了一个梦，梦见距离他所住的城镇几公里以外的山脚下有这种植物。不知道为什么，他非常介意这个梦，于是第二天早晨他前往梦中所出现的山脚，在那里真的找到了这种植物。

对于这个奇怪的现象惊讶不已的斯坦伯格在反思这件事情时，回想到不久之前他来这个地方打猎时发生的事情。他在偷偷地靠近野山羊时，无意中看了一眼自己的脚下，发现那里生长着很罕见的植物。可是由于当时的注意力全都集中在如何靠近野山羊上，所以他根本没有去留意这种植物。因此，植物没有被他意识到，很快就被忘记了。然而，内隐记忆却牢牢地记住了这种植物，于是出现在了他的梦境里。

化学家凯库勒发现苯环结构也来源于梦境中活跃的内隐记忆所给予的提示。当时，他虽然知道苯环化合物是由6个碳原子和6个氢原子组成的化合物，但却并不知道24个碳的支链和6个氢的支链是如何组合在一起的。

176

即使没有意识，内隐记忆也在进行

一天晚上，凯库勒在暖炉前思考着这个难题，迷迷糊糊地就睡着了。这个时候他做了一个梦，在梦中，原子飞来飞去，很多原子互相连接，排列成长队，一会儿弯曲，一会儿缠绕在一起，像蛇一样运动着。然后出现了一条蛇，它叼着自己的尾部形成了一个圈，不停地旋转着。这时候，凯库勒像被闪光照到一样突然醒来，这个梦给了他很大的启示，他彻夜思考，终于发现了苯原子形成封闭环状的苯环结构。

　　凯库勒在德国化学学会的演讲中跟大家讲述了这个故事，呼吁大家对梦境进行研究。

　　虽然我们经常会看见一些关于记忆会阻碍创造的发言或叙述，但这是对记忆这一心理机能的误解。没有素材就不会有新的构思，没有基础就不会有应用，什么都没有的地方就不可能生长出新的东西。

　　古生物学家斯坦伯格不仅具有丰富的植物知识，而且还有想找到这种植物的热情。正因为如此，才可以使仅看过一眼的植物的内隐记忆发挥作用。化学家凯库勒不仅具有化学结合的丰富知识，同时具有废寝忘食探究化学构造的精神。正因为如此，他才可以在梦中得到将素材进行重新组合的启示。

　　我们遇到阻碍时，可以尝试着畅游在潜意识中，内隐记忆会因此活跃。在这里，我们或许可以回顾出日常生活中已经忘却的记忆素材，或是得到不被常识所束缚的、对记忆素材进行重新组合的新的构思。这其中就蕴含着崭新创造的启示。

在梦中得到启示的苯环结构

对于凯库勒来说，解读由6个碳原子和6个氢原子所组成的被称为苯化合物的化学结构是一大难题。因为碳原子的支链一共有24根，而氢原子的支链却只有6根。

凯库勒绞尽脑汁思考着这个问题，不知不觉打起了瞌睡。睡梦中出现了不停旋转的碳原子。很多碳原子组合在一起排列成一条长队，原子之间互相衔接，缠绕卷曲，像蛇一样运动着。忽然蛇咬住了自己的尾部并形成了一个圈，然后开始不停地旋转。

从梦中醒来的凯库勒从梦中原子排成的长队中得到启示，画出了碳原子之间的结合中，有三处为双重结合的队列，每个碳原子上分别接有一个氢原子。

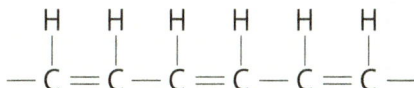

$$-\overset{\overset{\displaystyle H}{|}}{C}=\overset{\overset{\displaystyle H}{|}}{C}-\overset{\overset{\displaystyle H}{|}}{C}=\overset{\overset{\displaystyle H}{|}}{C}-\overset{\overset{\displaystyle H}{|}}{C}=\overset{\overset{\displaystyle H}{|}}{C}-$$

然而，从上图的队列我们可以看出，第一个碳原子和最后一个碳原子的支链分别为一根，处于没有和其他原子连接的状态。

这个时候，凯库勒突然想起了自己所梦到的蛇咬住自己尾巴的场景。以此为启示，他将第一个碳原子所多出的支链与最后一个碳原子的支链连接在了一起。这样，所有的原子都连接在了一起。这就是苯环结构的发现过程。

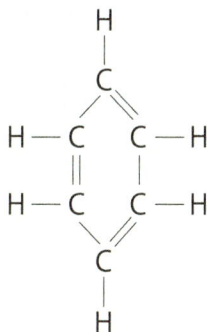

内隐记忆引导正确的判断

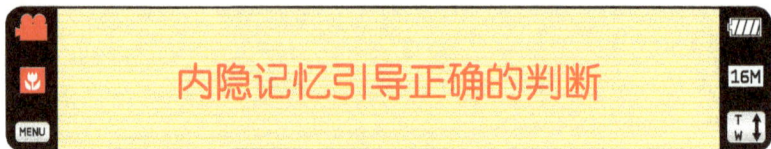

从记忆论的角度分析世界上成功人士的话，我们可以发现，其中很多内容都是宣传内隐记忆的有效性的。

例如，松下电器创始人松下幸之助就曾这样说过：

"说起'感觉'，虽然很多人都认为是非科学的、模棱两可的，然而经过不断磨练而形成的感觉则具有科学所无法比拟的正确性、准确性。这说明了人类经验的珍贵。

世界上的很多发明、发现都来源于经过科学家常年历练所得到的卓越感觉，将这种感觉与原理结合在一起，并进行实际的应用，就可以得到新的发明创造。也就是说，科学和感觉绝不是相悖的。"

（松下幸之助，《道をひらく》，PHP研究所出版）

松下幸之助用"感觉"这个词所要表达的内容如上文所示，而京瓷的创始人稻盛和夫则是用内隐记忆这个词语来描述的。

"有效利用内隐记忆就可以迅速且毫不费力地进行正确的判断。例如，开车时，控制方向盘的方法会根据拐弯的弯曲程度及速度的不同而不同，经常开车的人可以在无意识的状态下对情况做出判断。由于反复操作，内隐记忆中已经形成了不同类型的模式，所以可以在瞬间做出判断，操作应对。"

"我们在人生中所经历的所有事情都存在于内隐记忆中。每天全神贯注反复进行的工作操作以及鲜明的经验等，都可以拿到实际存在的意识中进行有效运用。

180

日常所积累的努力可以丰富内隐记忆，让感觉发挥作用

对！

只要将那种
药放入这种液体里……

之所以能产生这样的灵感，是因为长久以来所积累的经验刺激了我们的内隐记忆！

但是，所谓鲜明的经验并不是只要自己想要就一定能够得到的。对于任何事情，只有全神贯注、反复操作、深入思考才是有效运用内隐记忆的唯一方法。"

（稻盛和夫，《心を高める、経営を伸ばす》，PHP研究所出版）

不论是松下幸之助所说的让感觉发挥作用，还是稻盛和夫所提到的有效运用内隐记忆，都是指对长久以来所累积的经验的内隐记忆进行刺激，并对其进行有效的利用。

在解决必须面对的难题时，为了能够有效利用内隐记忆，就需要我们存储丰富的内隐记忆。这正是松下幸之助所说的通过不断磨炼来进行积累，以及稻盛和夫所说的全神贯注、反复操作、深入思考。

情景记忆中的自传式记忆与我们解决问题的能力有关，越是能够回忆起自传式记忆中具体情景的人，解决问题的能力就越强，这一点已经得到各种实验的证实。为了进一步提高我们解决问题的能力和想象力，需要我们不断丰富自传式记忆本身。无法用语言进行整理的内隐记忆也是一样，知识经验的日常积累是非常重要的。

由此我们可以知道，从心理学的角度来看，成功者们所谈论的内容都是具有充分科学证据的。

内隐记忆积累得越多，基于经验的判断能力就越强

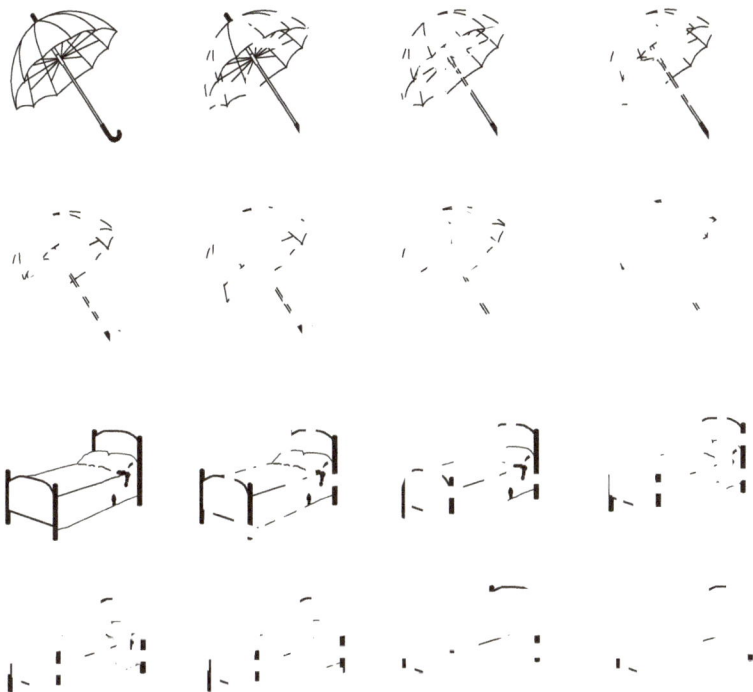

(Parkin and Streets，1988；大田和多鹿，2008)

完整的伞和床的图片位于左上角，越往右简化率越高，越难判断出图片中所画的内容。而下面一行的简化率则进一步提高，仅看单个图片根本无法知道图片所画的内容。

但是，在提前看过完整图片的情况下，即使所看的是下面一行中简化率最高的图片，也能正确地判断出图片所画的内容。

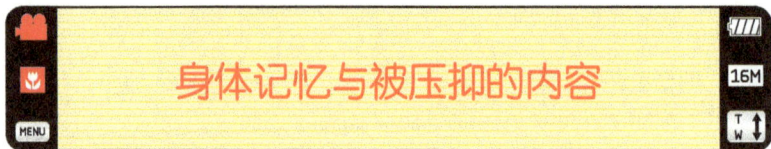

身体记忆与被压抑的内容

因发现潜意识而闻名的精神分析学家弗洛伊德提出了被压抑的记忆会以神经性疾病的症状或身体症状的形式出现的压抑理论。虽然认为精神分析仅仅是没有任何科学根据的世俗之说的心理学家不在少数，然而，通过临床实践和深刻观察而形成的精神分析理论，已经逐渐被现代的科学心理学所证实。

对弗洛伊德的研究产生很大影响的是医生布罗伊尔的一位患者的事例。该患者因无法用水杯喝水而苦恼。口渴难耐的时候，她端起水杯想要喝水，可是就当水杯快要接触到嘴唇的时候，她却惊慌地将水杯拿开。没有办法，她只好用水果来解渴。至于为什么会这样，她自己也非常纳闷。

有一天，在接受布罗伊尔会诊的过程中，这位患者臭骂了自己家的女佣人。她说，她看见这个女佣人用水杯给狗喂水，她觉得非常地不痛快。她原本就很讨厌这条狗，女佣人还偏偏用自己所使用的水杯给狗喂水，这是她无论如何也不能原谅的。她本应当场责备这个女佣人，但是，由于这位患者非常有教养，以及所养成的压抑性格使得她没有对佣人当场发作，而是将情绪压抑在了自己的心里。

如此被意识所压抑排斥的记忆并没有消失，而是作为无法用水杯来喝水的身体症状深深地刻在了自己的记忆里。但当患者充满强烈感情地将压抑在心底的想法一吐为快之后，她毫无抵抗地、极其自然地一口喝干了杯子里的水，当初的症状完全消失了。

不好的记忆虽然会因压抑而忘记，身体却不会忘记

即使是现代也会出现这样的情况。述说自己头疼等身体症状的患者，其实小时候都有过不好的回忆，是意识压抑了这些一旦想起就会极其痛苦的回忆。有抑郁倾向的人所拥有的是超概括性记忆，他们虽然有被父亲虐待、被母亲冷落、不管做什么都会被不问缘由地斥责的模糊印象，却几乎不记得具体的细节。

如此这些具体情景的记忆都伴随着恐怖、愤怒、悲伤等强烈的情绪，根据弗洛伊德的理论，对这些记忆的压抑，直接导致了身体症状的形成。

心理学家埃鲁达莱认为，弗洛伊德所倡导的记忆压抑论仅适用于宣言性记忆，程序记忆则是不会被压抑，一直存在的。正是如此，被压抑的都是伴随感情的情景记忆。由于回想到这些事情就会感到被威胁、不愉快，所以为了不轻易想起就把它们压抑了。

由此形成身体症状时，只要通过心理咨询等将被压抑的记忆说出来，症状就会缓和或消失。这种情况下，可以认为被压抑的记忆是以疼痛、麻痹等非语言性的形式作为身体记忆而被转移、保持的。

通过压抑至潜意识而产生的身体症状

精神分析学的创始人弗洛伊德为了学习催眠去拜访了伯恩海姆，他亲眼目睹了清醒之后还会下意识地执行催眠中所得命令的后催眠暗示实验后，感到惊叹不已。弗洛伊德将当时的情景以自传的形式叙述如下：

"该实验给予了我极其强烈的印象，我开始思考，隐藏在人类意识中的强有力的精神性过程或许是可能的。"

于是弗洛伊德开始设想无意识的心理学。

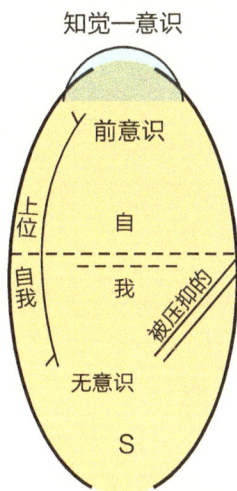

（弗洛伊德，1932）

弗洛伊德认为，不断的压抑会导致歇斯底里，这是由于心理方面的原因，暂时引起的身体各部位的疼痛、手足感觉的麻痹、失明、失声等身体症状，属于神经性疾病的一种。只要排除心理方面的原因，身体方面的症状就可以治愈。因此可以认为被压抑在潜意识中的心理纠葛以身体症状的形式表现了出来。

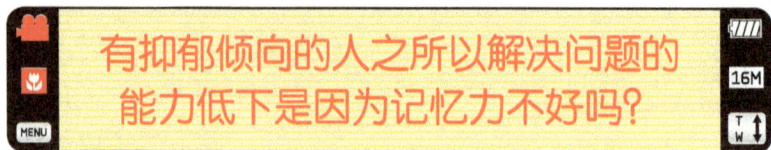

有抑郁倾向的人的记忆具有超概括性的特征,对于具体情节几乎没有记忆。关于这种倾向以及形成的原因已经在第1章中进行了解释。在这里要关注的是具有抑郁倾向的人解决问题的能力低下与记忆之间的关系。

情景记忆,特别是与自己有关的情景记忆,我们称之为**自传式记忆**,自传式记忆具有帮助解决问题的功能。这种情况下,这么做就可以顺利地解决;这种紧急关头,如果这样做就能打开局面;以前发生过类似的情况,我这样做了,结果失败了;虽然找那位老师商量了,结果还是没用;这种情况下那位领导会帮我的……像这样,每个情景都会告诉我们行动的准则。

自传式记忆中存在很多关于这种情况下这样做的话就能得到这样的结果的具体情景。一旦遇到问题时,记忆就会从中搜寻过去发生过的相似情况,并以此作为参考思考解决的方法。

患上抑郁症后,一般都会被认为解决问题的能力下降。另一方面,我们也知道,具有抑郁倾向的人拥有超概括性记忆,缺乏对于具体情节的记忆。于是,由于具有抑郁倾向的人只拥有超概括性的记忆,也就是为了不让自己回想起那些痛苦的经历而压抑了过去的具体情节,从而导致了解决问题的能力下降。

具体情节可以提高解决问题的能力

差点儿迟到了，好在走了捷径，终于赶上了！

累死了！

考前临阵磨枪了呀，考试的时候还是什么都不会……

由于没有进行事前勾通，所以被领导一口拒绝了。

烦恼的时候，好朋友会来安慰我。

由于存在对于这些场景的记忆，从而形成了"状况→应对"的事例集锦。

于是我们进行了对该问题调查的心理实验。其中以自杀未遂的患者为对象，向他们提出了"刚搬过来的邻居希望和你交朋友"的社会性课题，让他们列举出解决该课题的方法。与此同时，还进行了以感叹词为线索的回想自传式记忆的课题，并对所想起的自传式记忆的具体性进行检查。其结果显示，所想起的自传式记忆的概括性程度越高，则越无法思考出解决问题的有效手段。

由此可以证实，回忆不出具体的情节导致了解决眼前所发生的实际问题的能力低下。

关注具有抑郁倾向的人们的情绪我们可以发现，他们由于情绪低落、缺乏活力、丧失冷静，无法顺利地解决问题。然后，从上述实验结果我们可以看出，仅拥有缺乏具体情节的超概括性记忆对问题的解决也具有一定的阻碍作用。这种情况下的超概括性记忆是指外显的记忆。不过抑郁一旦治愈，对于记忆的压抑就会被解除，封锁在内隐记忆中的对于具体情节的记忆就会再次活跃起来，解决问题的能力也会因此而得到提高。

抑郁与解决问题的能力

自传式记忆

具体情节的集聚

这种情况下，这样做了，结果顺利地解决了问题=**成功案例**
这样做了，结果失败了=**失败案例**

自传式记忆就像所谓的案例集
给判断特定情况下应该如何去做以提示

具有抑郁倾向的人拥有超概括性记忆

仅拥有印象，缺乏具体的细节

虽然能够回忆起"小时候经常和朋友一起玩"，
却几乎无法回忆起如
"和A去过附近的河里抓鱼玩"、
"和B去空地玩的时候，突然出现了一条蛇，把我们吓坏了"
等具体的情节。

无法以自传式记忆作为案例集进行有效的利用

解决问题的能力较低

具有抑郁倾向的人之所以解决问题的能力较低，原因在于他们的超概括性记忆。回忆过去时，我们都具有以现在的心情来进行回忆的倾向。因此，有抑郁倾向的人很容易以消极的态度来回忆不愉快的事情。而一旦想起这些不愉快的事情，心情就会更加抑郁。为了防止这种负向的螺线升级，有抑郁倾向的人会尽可能地不去回忆事情的具体细节。这就是被认为是抑郁患者特征的超概括性记忆。

超概括性记忆虽然可以防止抑郁心情的升级，却无法回忆到具体的细节，由此导致了解决问题的能力下降。

191

《 参 考 文 献 》

Anderson, M.C., & Green, C. 2001 Suppressing unwanted memories by executive control. Nature, 410, 366–369.

Atkinson,R.C., & Shiffrin,R.M. 1968 Human memory : A proposed system and its control process. In K.W.Spence & I.T.Spence(Eds.), The psychology of learning and motivation : Advance in research and theory, Vol.2. Academic Press. Pp.89–195.

Atkinson,R.C., & Shiffrin,R.M. 1971 The control of short-term memory. Scientific American, 225, 82–90.

バートレット　1932　宇津木保・辻正三訳　1983　『想起の心理学』　誠信書房

Blaney, P.H. 1986 Affect and memory : A review. Psychological Bulletin, 99, 229–246.

ボルヘス,J.L.　1942　篠田一士訳　1975　『記憶の人フネス』　現代の世界文学　伝奇集　集英社　Pp.115–126.

Bower, G.H. 1981 Mood and memory. American Psychologist, 36, 129–148.

Bower, G.H., Gilligan, S.G., & Monteiro, K.P. 1981 Selectivity of learning caused by affective states. Journal of Experimental Psychology : General, 110, 451–473.

Bower, G.H., Monteiro, K.P., & Gilligan, S.G. 1978 Emotional mood as a context for learning and recall. Journal of Verbal Learning and Verbal Behavior, 17, 573–585.

Collins, A.M., & Loftus, E.F. 1975 A spreading activation theory of semantic processing. Psychological Review, 82, 407–428.

Collins, A.M., & Quillian, M.R. 1969 Retrieval time from semantic memory. Journal of Verbal Learning and Verbal Behavior, 8, 240–247.

Craik,E.I.M., & Lockhart,R.S. 1972 Levels of processing : A framework for memory research. Journal of Verbal Learning and Verbal Behavior, 11, 671–684.

ドラーイスマ, D. 2001 鈴木晶訳　2009　『なぜ年をとると時間の経つのが速くなるのか』　講談社

榎本博明　1998　『「自己」の心理学―自分探しへの誘い』　サイエンス社

榎本博明　1999　『＜私＞の心理学的探求―物語としての自己の視点から』　有斐閣
榎本博明　2003　『はじめてふれる心理学』　サイエンス社

榎本博明　2009　『記憶はウソをつく』　祥伝社新書

榎本博明　2011　『記憶の整理術』　PHP新書

榎本博明　2011　『つらい記憶がなくなる日』　主婦の友新書
エビングハウス, H.　1885　宇津木保・望月衛訳　1978　『記憶について』　誠信書房

Forgas, J.P., & Bower, G.H. 1987 Mood effects on person-perception judgements. Journal of Personality and Social Psychology, 5, 53–60.

Forgas, J.P., Burnham, D.K., & Trimboli, C. 1988 Mood, memory, and social judgements in children. Journal of Personality and Social Psychology, 54, 697-703.

フロイト, S. 1932 古沢平作訳 1953 『続精神分析入門』 フロイド選集第3巻 日本教文社

ハリス, J.E. 1978 外部記憶補助 ナイサー, U.編 富田達彦訳 1988 『観察された記憶―自然文脈での想起(下)』 誠信書房 Pp.393-399.

稲盛和夫 2004 『心を高める、経営を伸ばす』 PHP研究所

井上毅 2002 ヒューマンエラーとアクションスリップ 井上毅・佐藤浩一編著 『日常認知の心理学』 北大路書房 Pp.36-50.

井上毅・佐藤浩一編著 2002 『日常認知の心理学』 北大路書房

厳島行雄 2003 情動・ストレス 厳島行雄・仲真紀子・原聰 『目撃証言の心理学』 Pp.23-31.

厳島行雄 2000 目撃証言 太田信夫・多鹿秀継編著 2000 『記憶研究の最前線』 北大路書房 Pp.171-196.

ジェームズ, W. 1892 今田寛訳 1993 『心理学 上・下』 岩波文庫

Jenkins,J.G., & Dallenbach,K.M. 1924 Oblivescence during sleep and waking. American Journal of Psychology, 35, 605-612.

川口潤 2009 メタ記憶のコントロール機能 ―記憶の意図的抑制 清水寛之編著 『メタ記憶 ―記憶のモニタリングとコントロール』 北大路書房 Pp.87-104.
川崎惠里子 1995 長期記憶Ⅱ 知識の構造 高野陽太郎編 『認知心理学2 記憶』 東京大学出版会 Pp.117-143.

川瀬隆千 1990 感情が記憶に及ぼす影響：研究のレビューと今後の展望 立教大学心理学科研究年報, 32, 28-42.

川瀬隆千 1992 日常的記憶の検索に及ぼす感情の効果 ―検索手がかりの自己関係性について― 心理学研究, 63, 2, 85-91.

小林敬一 1996 展望的記憶にいかにアプローチするか? ―研究の現状と課題― 心理学研究, 39, 2, 205-223.

小林敬一 2000 太田信夫・多鹿秀継編著 『記憶研究の最前線』 北大路書房 Pp.197-210.

Laird, J.D., Wagener, J.J., Halal,M., & Szegda, M. 1982 Remembering what you feel : Effects of emotion on memory. Journal of Personality and Social Psychology, 42, 646-657.

Lewinsohn, P.M., & Rosenbaum, M. 1987 Recall of parental behavior by acute depressives, remitted depressives, and nondepressives. Journal of Personality and Social Psychology, 52, 611-619.

リントン, M. 日常生活における記憶の変形 1982 ナイサー, U.編 富田達彦訳 1988 『観察された記憶―自然文脈での想起(上)』 誠信書房 Pp.94-111.

Madigan, R.J., & Bollenbach, A.K. 1982 Effects of induced mood on retrieval of personal episodic and semantic memories. Psychological Reports, 50, 147–157.

マッガウ,J.L. 2003 大石高生・久保田競監訳 2006 『記憶と情動の脳科学 － 「忘れにくい記憶」の作られ方』 講談社ブルーバックス

増本康平 2008 『エピソード記憶と行為の認知神経心理学』 ナカニシヤ出版

松下幸之助 1968 『道をひらく』 PHP研究所

ミーチャム,J.A.とライマン,B. 1982 将来の行為を行うための想起 ナイサー,U.編 富田達彦訳 1988 『観察された記憶―自然文脈での想起(下)』 誠信書房 Pp.383–392.

Meyer, D.E., & Schvaneveldt, R.W. 1971 Facilitation in recognizing pairs of words : Evidence of a dependence between retrieval operations. Journal of Experimental Psychology, 90, 227–234.

メゼンツェフ,B.A. 1974 金子不二夫訳 1977 『奇跡の百科 生物界の奇跡』 東京図書

Miller, G.A. 1956 The magical number seven, plus or minus two : Some limits on our capacity for processing infomation. Psychological Review, 63, 81–97.

内藤美加 2008 潜在記憶 太田信夫・多鹿秀継編著 『記憶の生涯発達心理学』 北大路書房 Pp.60–73.

Nasby,W., & Yando, R. 1982 Selective encoding and retrieval of affectivity valent information : Two cognitive consequences of children's mood states. Journal of Personality and Social Psychology, 43, 1224–1253.

ナイサー,U. 1982 スナップ写真か水準点か? ナイサー,U.編 富田達彦訳 1988 『観察された記憶―自然文脈での想起(上)』 誠信書房 Pp.51–58.

Neisser,U., & Harsch,N. 1992 Phantom flashbulbs : False recollections of hearing the news about Challenger. In E.Winograd & U.Neisser(Eds.), Affect and accuracy in recall : Studies of 'flashbulb' memories. Cambridge University Press.

Nyberg, L., & Nilsson, L.G. 1995 The role of enactment in implicit and explicit memory. Psychological Research, 57, 215–219.

Nyberg, L., Backman, L., Erngrund, K., Olofsson, U., & Nilsson, L.G. 1996 Age differences in episodic memory, semantic memory, and priming : Relationships to demographic, intellectual, and biological factors. Journal of Gerontology : Psychological Sciences and Social Sciences, 51B, 234–240.

太田信夫 1995 潜在記憶 高野陽太郎編 『認知心理学2 記憶』 東京大学出版会 Pp.209–224.

太田信夫・多鹿秀継編著 2000 『記憶研究の最前線』 北大路書房

太田信夫・多鹿秀継編著 2008 『記憶の生涯発達心理学』 北大路書房

岡直樹 意味記憶 2000 太田信夫・多鹿秀継編著 『記憶研究の最前線』 北大路書房 Pp.67–97.
岡野憲一郎 2006 『脳科学と心の臨床 － 心理療法家・カウンセラーのために』 岩崎学術出版社

Parkin, A.J., & Streete, S. 1988 Implicit and explicit memory in young children and adults. British Journal of Psychology, 79, 361–369.

Peterson,L.R., & Peterson,M.J. 1959 Short–term retension of individual verbal items. Journal of Experimental Psychology, 58, 193–198.

プライス, J.とデービス,B. 2008 橋本碩也訳 2009 『忘れられない脳 ― 記憶の檻に閉じ込められた私』ランダムハウス講談社

ルリヤ,A. 1968 天野清訳 1983 『ルリヤ 偉大な記憶力の物語 ― ある記憶術者の精神生活』文一総合出版

シャクター,D.L. 2001 春日井晶子訳 2004 『なぜ、「あれ」が思い出せなくなるのか』日経ビジネス人文庫

清水寛之編著 2009 『メタ記憶 ―記憶のモニタリングとコントロール』北大路書房

末永俊郎 1996 心理学の歴史 鹿取廣人・杉本敏夫・鳥居修晃編 『心理学[第3版]』東京大学出版会 Pp.293–321.

サトクリッフ,A.とサトクリッフ,A.P.D. 1962 市場泰男訳 1971 『エピソード科学史Ⅰ 化学編』現代教養文庫 社会思想社

高野陽太郎編 1995 『認知心理学2 記憶』東京大学出版会

谷口高士 2002 感情と認知 井上毅・佐藤浩一編著 『日常認知の心理学』北大路書房 Pp.209–224.

Teadale, J.D., & Fogarty, S.J. 1979 Differential effects induced mood on retrieval of pleasant and unpleasant events from episodic memory. Journal of Abnormal Psychology, 88, 248–257.

豊田弘司 1995 長期記憶Ⅰ 情報の獲得 高野陽太郎編 『認知心理学2 記憶』東京大学出版会 Pp.101–116.

豊田弘司 1998 記憶に及ぼす自己生成精緻化の効果に関する研究の展望 心理学研究, 41, 3, 257–274.

Tulving, E., Schacter, D.L., & Stark, H.A. 1982 Priming effects in word–fragment completion are independent of recognition memory. Journal of Experimental Psychology : Learning, Memory, and Cognition, 8, 336–342.

ウェアリング, D. 2005 匝瑳玲子訳 2009 『七秒しか記憶がもたない男』ランダムハウス講談社

山鳥重 2002 『記憶の神経心理学』医学書院